ICF认证最高级别专业教练培训课程

★★★《教练的艺术与科学》系列一★★★

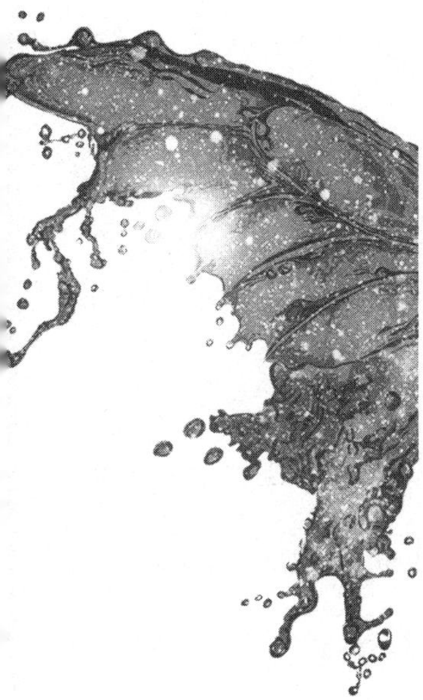

# 唤醒沉睡的天才

Art and Science of Coaching: Inner Dynamics

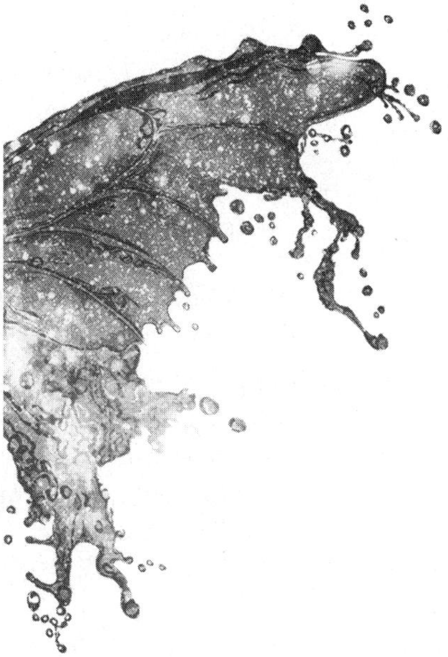

(加) 玛丽莲·阿特金森 Marilyn Atkinson
蕾·切尔斯 Rae Chois ◎著　　古典　王岑卉 ◎译

## 教练的内在动力

## 图书在版编目（CIP）数据

唤醒沉睡的天才：教练的内在动力/（加）玛丽莲·阿特金森（Marilyn Atkinson），（加）蕾·切尔斯（Rae Chois）著；古典，王岑卉译. —北京：华夏出版社，2019.7（2025.6重印）

书名原文：Art and Science of Coaching: Inner Dynamics

ISBN 978-7-5080-9771-8

Ⅰ.①唤… Ⅱ.①玛… ②蕾… ③古… ④王… Ⅲ.①成功心理-通俗读物 Ⅳ.①B848.4-49

中国版本图书馆 CIP 数据核字(2019)第 110315 号

Art and Science of Coaching: Inner Dynamics
Copyright©2007 by Exalon Publishing, LTD.
No portion of this book may be reproduced, by any process or technique, without the express written consent of the publisher.
Simplified Chinese translation copyright ©2018 by Huaxia Publishing House, co,. Ltd.
ALL RIGHTS RESERVED

版权所有 翻印必究
北京市版权局著作权合同登记号：图字 01-2017-9059 号

### 唤醒沉睡的天才：教练的内在动力

| | |
|---|---|
| 作　　者 | [加] 玛丽莲·阿特金森　　[加] 蕾·切尔斯 |
| 译　　者 | 古　典　王岑卉 |
| 策划编辑 | 朱　悦　马　颖 |
| 责任编辑 | 马　颖 |
| 出版发行 | 华夏出版社有限公司 |
| 经　　销 | 新华书店 |
| 印　　刷 | 三河市万龙印装有限公司 |
| 装　　订 | 三河市万龙印装有限公司 |
| 版　　次 | 2019 年 7 月北京第 1 版　2025 年 6 月北京第 9 次印刷 |
| 开　　本 | 710×1000　1/16 开 |
| 印　　张 | 15.5 |
| 字　　数 | 230 千字 |
| 定　　价 | 59.80 元 |

**华夏出版社有限公司** 地址：北京市东直门外香河园北里 4 号　邮编：100028
网址：www.hxph.com.cn　电话：（010）64663331（转）
若发现本版图书有印装质量问题，请与我社营销中心联系调换。

谨以此书献给米尔顿·埃里克森，
他的探索精神，他对人类的爱，
以及他对人类能力的信任，使我受益终生。

——玛丽莲·阿特金森博士

| 目　录 |
| Contents |

推荐序　我所知的教练本质　001
引　言　知道往哪里敲的价值　001
如何使用本书　001

**第一章　如何玩转大师的游戏：教练方法**

唤醒你和他人心中沉睡的天才　003
真正的转化式对话　006
如何玩转大师的游戏？　007
对"人"（Hu-man）的解释　011
整合伸展练习　015

**第二章　大脑及其工作原理**

米尔顿·埃里克森和逃跑的马　021
本能脑　024
情绪脑　025
大脑皮层　028
语言系统的发展　031
视觉化的力量：大脑之旅　031

本能脑之旅 032
情绪脑之旅 034
大脑皮层之旅 035

**第三章 超意识思维：你的整合系统**

海伦·凯勒：如何造就"人类" 041
整合你的大脑—思维系统 043
意识的本质 043
超意识思维：你的整合系统 046
深层认知系统的性质 047
超越小妖的思考 048
开放式问题：连接超意识 050
练习：与深层认知系统一起来个头脑风暴 052

**第四章 人生计划的四个阶段**

横加公路上的突破点 061
意愿的四个发展阶段 065
计划和成就的四个阶段 067
规划自己的前进方向 071
练习：你的"棒球场"思维运作系统 077

**第五章 思维本源：人类如何持久改变**

卡尔·沃伦达的故事 085
探索思维本源 087
不完美的灰色迷雾 088
路上的障碍 090
贝克哈德公式 091
内在的力量：精通的四个阶段 093

练习：精通思维本源　100

## 第六章　抗拒和四道小妖之门

什么是身心一致？　107
小妖习惯及其工作原理　108
处理小妖问题　119
小妖思维领域中的变革公式　120
日常自我教练的力量　121
我们能自己做出改变吗？　124
转化式对话意味着什么　124
练习：反馈VS失败　125

## 第七章　基本焦点：与原则为伴

床底下的孟加拉虎　131
埃里克森的五个基本原则　132
练习：太阳镜游戏　142

## 第八章　意愿和注意力：连接思想、情感和行为

我们能找到路吗？　147
提升内在的力量　150
意愿与注意力的结合　157
练习一：意愿和注意力　159
练习二：将两者结合起来　161
练习三：给视觉化图景增加动作或韵律　161

## 第九章　身心幸福的召唤

真正幸福的含义　167
等待幸福　168

培养幸福的 I.A.M. 公式　169

　　幸福商数　171

　　智商、个商、情商和群商　172

　　幸福的四个大脑系统　174

　　对创造持久幸福的深入观察　176

　　练习：扩展幸福　181

**第十章　英雄之旅：你生命的召唤**

　　英雄般生活的愿景　185

　　英雄之旅　186

　　你自己生活故事里的英雄　187

　　解释大"H"　188

　　精通与幸福　189

　　庆祝幸福状态　190

　　强大的爱　191

　　每天用语言庆祝旅程　192

　　练习：发掘你的幸福潜力　193

**结　语　应用智慧：通过肯定来强化从每章学到的知识　195**

**继续探索教练的艺术与科学　202**

**作者简介　203**

**推荐阅读　206**

**附　注　210**

**术语表　212**

**致　谢　220**

| 推荐序 |

# 我所知的教练本质

至今还难以忘记玛丽莲老师给我上的第一堂课,她没有问我们童年的阴影,没有问我们内心的苦难,也没有问我们关于当下内心的宁静……

我看她的眼睛,我知道她都理解这些,但是她没有问,她只是问我们这样一些问题:

如果五年后,你的家人、朋友会因为你而改变,那么是因为你做了些什么?

如果十年后你所住的城市会因为你逐渐发生改变,那是因为你做了些什么?

很多年后,这个世界会因为你有什么不同?

这问题从一个前所未有的角度击中了我,让我有点不知所措。我看看左右的人,左边的一位老大哥在专心地把话记录下来,以确保自己记得;右边的一位女士若有所思地在发呆;后面的大部分人在互相交流。我不知道他们是不是如我一样,被这个问题轰然击中。

这个世界会因为你有什么可能？

我们从小被教育要好好学习，不要空想，踏踏实实，做好螺丝钉。却从来没有想过，自己也许是一个发动世界改变的天才。那一天我的脑子轰轰作响，各种想法如非洲角马过河，轰隆奔驰。我花了好几个晚上，才把突然爆发出来的想法慢慢记录下来，从狂想变成梦想。在接下来的学习中，我接触到很多教练工具，平衡轮、英雄之旅、迪斯尼策略，它帮我使我的梦想逐渐清晰，由梦想变为愿景和使命，再由使命逐渐变为计划。当计划那么清晰地呈现出来，开始行动也就变得不那么恐惧和不确定。我开始用几年时间实践这些计划。当计划遇到障碍，我会重新回到当初的愿景画面，这让我能保持"在路上"。

几年下来，走着走着，这计划变成今天的新精英。当年的新精英从旧的办公室搬出去，我们翻出来当年团队一起做的迪斯尼策略，惊喜地发现，当时的一切都已经或正在实现。让我们朝着梦想出发，让我们灵活而有原则地前进，走着走着，梦想与现实的界限逐渐交融，我们发现自己已经站在自己梦想的台上，我想这就是教练的力量。

这也是为什么当玛丽莲老师提到想要翻译她的著作进入中国，我第一个举手希望参与的原因。我好奇这些神奇的技术背后的心理机制，急切地想成为第一个读者，想知道这是发生在我身上的个案，还是有可能发生在每一个人身上？

在慢慢地学习和翻译中，我逐渐理解到这个问题背后的更多理论背景——20世纪60年代末，心理学开始反思自己的使命与定位——从建立开始，心理学有三大使命：疗愈精神疾病，帮助人们幸福，以及发现和培养天才。但二战后，人们发现心理学大部分精力在疗愈精神痛苦中，慢慢在忘记关于幸福与天才的两项使命。美国心理学家大会主席塞里格曼在他的《真实的幸福》一书里面谈到，2000年前的心理学文献中，关于抑郁、焦虑等文献占到了95%，而关于幸福、愉悦的只有不超过5%，心理学在慢慢成为一门"受害心理学"。这个反思直接带来另外两个使命的研究、思考和应用——帮助人们幸福的使命导致了积极心理学的诞生，最近很火的"哈佛幸福课"是其应用成果之一；而发现和培养天才这个使命则直接推动了对脑科学、性格分类、学习法的更深的研究，大家熟悉的《现在，发现你的优势》《一万小时天才理论》都是其应用，而教练方法则是在激发个人天赋和行动方面最重要的应用成果。

变革发生时，玛丽莲老师是一名刚毕业的心理学博士，她用了近20年的时间作为一名研究者和咨询师参与到发现和唤醒天才的变革之中：花费数千小时访谈各行各业最优秀的人，试图寻找到他们独特的思考方式并且抽离。她也用近十年的时间与当时心理应用界一流大师如埃里克森、萨提亚、皮尔斯·罗伯特·迪尔茨等学习与工作，她也把自己所学所感记录成为这本书——教练不是一系列看上去神经兮兮的问题、似懂非懂的工具、神秘诡异的课程，更加不依赖于某几个"大师""高人"才能起作用。（我曾和玛丽莲老师聊过中国的一些"教练"，她直接说："That is no coaching."——那不是教练。哈哈，深得我心。）教练是基于扎实的心理学基础和我们对于脑科学的理解，每一个人都能学会。

这也是我认真向我的朋友、学员和更多读者介绍这本书的原因——玛丽莲老师理解到天才不是指某一类人，而是一种每个人都能有的思考和工作方式——如果人们掌握这套思维模式和信念，每个人都能发挥出自己最好的部分，实现自己希望的人生图画，成长为自己最好的样子。

最后讲一个故事，有次玛丽莲老师刚到中国，我想去拜访她。我们匆忙打电话约好第二天早上7点（seven）在北京的花园酒店见面。第二天一大早，我在前台等了15分钟后打电话到她的房间。老太太接到电话，要我等一会儿，15分钟以后，她以一贯的优雅着装出来，笑着对我打招呼，我们一起散步，吃早餐，交换对于教练的看法，相谈甚欢。直到回去的时候，玛丽莲老师拉着我的手说，Dan，也许你听错了，我们约的是11点（eleven），不是7点（seven）。

天，是我昨天太匆忙听错啦！（其实也是听力太烂了！）这正是玛丽莲老师倒时差的早上。难怪她根本没有起床，是活生生被我电话吵醒来的！当我脸上的尴尬还没有来得及泛起的时候，她又拉着我的手说，但是这个早晨真的不错，不是吗？So far so good. 而且我有时间去好好睡一个下午觉啦，谢谢你。她拍拍我的肩膀，像对自己的孩子，慢慢地转身走了。

洞悉人生的智慧以及背后的包容一切的爱，这就是我从玛丽莲老师身上看到的教练的本质。她的愿景是把教练的思考方式带往全球。而我能做到的，就是努力地传递她的思想、看法以及对于生命的洞见与爱。

古典

新精英生涯总裁

资深职业生涯规划师与教练

| 引 言 |

# 知道往哪里敲的价值

你可能听过这样一个故事。一艘大西洋远洋巨轮由于发动机故障,中途被迫停泊在一个港口。船长找来好几位受过良好教育的发动机专家帮忙。这些人摆弄了半天,最后都无功而返。船长绝望地想,如果没人能解决发动机问题,这艘船可能要一直停在这里了。

这时,有人向船长推荐了一个老头,这个老头当了一辈子蒸汽机机械师。船长找到了他,请他来看一下能否解决问题。这个老头背着一个工具包,看起来就像个乡村医生。他蹲在迷宫一般的发动机管线边仔细观察,不时左戳戳右敲敲。15分钟后,他确定了一个点,在管道上增加了一个小部件,然后猛敲这个地方,同时启动了发动机。突然,发动机开始转动了,问题解决了!他又敲了几下,发动机就开始正常运转了。

老头收拾好工具,问船长要价5000美元。

"什么?"船长喊道,"太贵了!你不过是敲了15分钟而已,你得给我列个费用明细,说一下哪里值这么多钱!"

老头迅速列出了以下费用明细:

部件:2.00 美元

知道往哪里敲:4998.00 美元

共计:5000.00 美元

付出努力固然重要,但知道在生活和人际关系的哪个方面努力,则会给你的生活和你与他人的关系带来许多重大变化。

本书将帮助读者弄懂,在人生的复杂管线上应该往哪里敲。本书将带领读者深入了解成果导向教练的内在科学和哲学。正是它们使成果导向教练成为21世纪的一股新力量。这本书揭示并探索了人的大脑与心灵的运转法则,勾勒出了在当代进行转化式对话的框架。本书是一本实用手册,将帮助读者理解如何从充分发展人性、充分实现自己最高愿景的角度改变生活。它还有助于你构建内在力量,同时帮助你周围的人发挥他们的最大潜力。

## 本书的使命:你的旅程

本书的总体目标是邀请读者进行一次自发而深刻的对话,一次关于生命和个人目标的对话。这是转化式教练对话的第一步。本书的目标是,从一开始就帮助你理解转化式教练的理论框架,让你学会如何与自己和他人进行转化式对话。

本书为你提供了一个机会，让你去探索教练运动的根源，去探索成果导向教练的基本运作原则和内在动力。你还会学到一系列实用的原则以及持久的方法和工具。世界各地有许多人都在使用这些方法和工具，在对话中激发人的思考，为生活带来重大的改变。我邀请你将这次阅读当做自我探索的旅程，自己去检验书中提及的原则。

本书特别描述了教练的科学基础，即人们内在的运作系统。这是计划思维（project thinking）的根本动力。计划思维培养了人们自我探索和开放式发现的习惯。这段旅程也是自我教练系统的发展之旅。在深刻理解这个系统后，你就可以跨越旧有的障碍，创造持久的改变。你将学会如何在你的计划和思维中建立一个教练的位置。在这本书里，你还将了解思维——头脑系统运作的基本知识，掌握强大的"视觉化"（visualization）工具的关键因素。

最重要的是，作为一位专业教练，或一位正在接受培训的教练，或想把教练方法用于自己生活的人，你可以从书中学到人类内在动力的结构，学到人是如何通过简单有力的方法重获内在动力的。你可以学到一些简单有力的练习方法，并将其用于转化式对话。你还可以学到一些体验式的练习方法。

从我们收到的反馈来看，我们相信，只要你充满热情地学习，按照书中要求作相应的练习，你就会出现三个重要的内在变化：

- 如果你全身心投入，你就会在过程中获得全新的感悟和认识。你会对自己说："哇！我在原先的基础上前进了一大步！"
- 通过技能培训和应用，你与他人沟通的能力也会有所提升。我们希望你利用这本书规划一个技能构建体系（skill-building regime）。你会发现，"如此一来，我在生活的各个方面都能更好地帮助他人了"。
- 随着内在愿景的拓展，沟通和人际技能的提升，你心中的热情也将被点燃。我们希望你持续进行自我拓展的对话。一旦心中的热情被点燃，你就会对自己说："哇！这种学习对我和我的人际关系来说太有价值了，我承诺要不断学习、不断整合、不断成长！"

人们表示，读完这本书而没有获得灵感，没有反思自我，没有感到警醒，是不可能的事。在享受书中资料的同时，你也踏上了一次有意义而又刺激的旅程。你投入的越多，收获的就越多。当你全身心投入时，你将有以下收获：

- 与生命中真正的使命和愿景重新相连。
- 唤醒你真正的内在天赋，承认自己的伟大，认识自己的潜力。
- 发展与自己和他人的关系。
- 加深你在个人生活和专业上的洞察力和能力。
- 更有效地为他人做出重要贡献。

我对读这本书的你作了一些基本假设。我认为，本书的读者应该是一位终身学习者，无论在个人生活还是在专业方面都是如此。作为一名终身学习者，你致力于创造性地整合所有关于自我发展的最佳资源，以便激发出自己和他人的最佳水平。

你觉得自己是这样的吗？如果你的答案是肯定的，那我很高兴你选择阅读本书。这无疑是你对自己最有价值的投资，你将踏上一次令人难以置信的奇妙旅程！

我们的目标是为你提供自我发展之旅中的最佳工具，帮你实现自己的梦想。同时，我们也希望你能积极影响与你一同走上旅途的人，为创造更美好的世界做出贡献。

如果你暂时还不认为自己是一位终身学习者，本书也可以激发你成长的意念，让你对自身的潜能感到好奇，让你的人生迈上一个新台阶。

## 《教练的艺术与科学》书系

我和蕾·切尔斯共同编写的《教练的艺术与科学》系列共有三本，都是我多年来担任教练的研究成果。这些年，我有幸研究了许多成果导向实践者的工作，他们遍布全球各地。

本系列三本书总结了成果导向教练的工具和流程，归纳了米尔顿·埃里克森国际教练学院一些学生的成果。米尔顿正是开创了成果导向方法论的非凡魔术师。我们的目标是通过埃里克森国际教练学院拓展基本的埃里克森教练法，加深对以下问题的理解：世界各地的人们如何激发自己的想象力，从消极被动转向积极主动，成为自己生活的强大领导者，同时帮助周围的人掌控生活。

除了我们在实际培训课程中讲授的教练的艺术、科学和内在动力，这三本书还糅合了许多课程元素，为读者理解自己和周围人生活中深刻而隐秘的真理打下了基础。本系列关于如何唤醒人们的最佳水平，从而充分发挥他们的潜能，还提供了一个循序渐进的系统。

本系列第一本《唤醒沉睡的天才》主要研究"自我"，融合了21世纪的脑科学新发现，介绍了前沿科学的研究成果，揭示了一些发人深省的哲学道理。

本系列第二本《被赋能的高效对话》将教练技能视为一个系统进行教授，帮助读者进行有效的转化式教练对话。

本系列第三本《流动》（出版中）提供了极佳的详细步骤，有助于你进行为生活带来持久改变的教练对话。

玛丽莲·阿特金森

# 如何使用本书

## 我们充满激情的目标

埃里克森国际教练学院是一所世界性的学院，致力于发展人的潜能，提升人的幸福感。埃里克森国际教练学院创办于1980年，如今足迹已遍及世界五大洲的36个国家。作为埃里克森国际教练学院的创始人，我和成千上万的同伴一样，拥有一个共同的目标——通过每一次转化式对话来改变世界。

埃里克森的成员包括专业教练、培训师、个人成长实践者，以及参加过遍及全球的埃里克森训练课程的专业人士。这三本书是经过国际教练联合会认证的125小时密集教练培训课程"教练的艺术与科学"的辅助材料。欢迎你，本书的读者，成为我们埃里克森网络中的一员！

## 我的故事与教练事业的发展

我一生致力于理解人的思维，发展利用思维和头脑天然结构的技能与方法，帮助人们实现深刻而持久的心灵—思维发展。我花了很多年时间开发《教练的艺术与科学》三部曲中的教练工具和策略。这三本书都是我在2006年完成的，是我作为一名临床心理学家、埃里克森治疗师、专业教练、国际培训师和观察家35年研究与工作的结晶。

我出生在一个加拿大农场，祖上是来自瑞典的移民。60多年前，那是很典型的家庭背景。当时的社会环境并不鼓励自我发展。孩子，特别是女孩，不该说太多、想太多，也不该对自我发展和自学太感兴趣。他们都认为，女孩就该结婚生子。

换句话来说，我寻找内心方向的道路并不平坦。我家人之间的沟通方式很有限，那种简单僵硬的沟通也让人很难理解他人的价值观、想法和知识。像当时加拿大西部的许多年轻女孩一样，我很早就结了婚，20岁出头就生下了第一个孩子。我一共生了两个孩子。当时，我和丈夫根本没有准备好做父母，更别说构建共同的价值观、使命和愿景了。当然，我们遇到了几乎所有父母都会遇到的难题。我们为了生活分工争执不休，对生活缺乏幽默感。我们的健康状况都很糟，沟通也不顺畅。可以说，我成年后的前15年充满了痛苦和挫折，让我失去了对生活的希望和对内心的探索。

我是如何从这种状态走出来，最终成为一位帮助他人发现内心目标的、充满激情的教练的呢？我最终是如何成为一家发展人际关系、加强沟通的国际教练学院的院长的呢？这里有一个故事。

通过对内心坚持不懈的探索，我最终确定了自己的使命，运用我的天赋走出了墨守成规、不鼓励学习和自我发展的环境。我学会了超越那些否定我、讽刺我的言论。在这个过程中，我得到了一些人的帮助。他们和我有相似的背景，并成功克服了这些困难。

从刚开始研究人类如何改变的时候，我就很推崇美国精神病学家米尔顿·埃里克森的智慧。他关于自我修复和成果导向教练的方法和策略，在本书的许多故事和章节中均有体现。从20多岁到30多岁这十几年的追寻自我之旅中，我学习了很多理论和学派。幸运的是，通过朋友的介绍，我在35岁时偶然读到了埃里克森的研究成果。

我读到他的研究成果时兴奋极了。他的方法非常实用、直接、有效、全面。我充满热情地研究他的方法，并在实践中不断努力，希望成为像他一样的治疗师。虽然我从未见过他本人，但从读到他的作品时起，他的智慧始终伴我前进。用隐喻的方式来说，即便现在他仍然像是坐在我肩膀上一样，他是我一生中最关键的导师。

埃里克森深邃的观点和幽默的语言，以一种我难以描述的方式照亮了我的人生目标。他对人类的赞赏和尊重，对我有着不可估量的启迪作用。读者可以参阅本书的第七章，这一章介绍了我多年来对埃里克森一些原则的研究成果。通过这次探索之旅，我开始尊重和理解自己的内在潜能。通过成功的自我挑战，我看到了自己的生命之光，也看到了身边所有人的内心之光。

目前，教练事业在世界各地迅速发展。以米尔顿·埃里克森命名的埃里克森国际教练学院是教练事业在全球发展的先锋。现在有很多新的机会，人们可以通过实践去探索成果导向教练之路。我能够持续追寻这份事业，并发挥过去难以想象的力量，正是因为我有超越个人目标的追求，并对人类发展存在一份愿景。

实际上，我在几年前遇到了困难，前进时举步维艰。现在，我可以欣慰地说，我遵循了自己内心的呼唤。如今，我在世界各地分享成果导向教练法。希望通过我的分享和传播，同路人可以走得比我更快。

我的目标是通过遍布各地的国际教练学院，以这项充满影响力的工作，触及并影响更多走在同一条道路上的人。蕾·切尔斯是我的同事和朋友，也是埃里克森毕业的教练，她和我共同撰写了这本书。我们希望，这些改变人生的方法能够帮到你，帮到所有埃里克森人，帮到世界各地参与教练事业的人。

我衷心祝贺你，因为你选择了和我们共享这段旅途！

## 如何使用本书

我们希望你逐章阅读每个章节，完成一个章节的练习后再看下一个章节。所有的概述和练习结合在一起有极大的力量，它将协助你完成自我指导和自我发展的进程。

书中每个章节都包括引文、故事、一个或几个互动练习和个人体验。我们希望你在读每一章时都能完成这些练习和体验。这样，本书才能给你带来更多价值。练习将帮你整合每一章中学到的思路。如果你漏掉了一个或几个练习，就可能错过对一些东西的领悟。在本书的最后，我们提供了一些资料，帮你总结自己的潜能，整合从书中学到的东西。

读完本书之后，你可以继续读下一本书《被赋能的高效对话》。该书是本系列的第二本，细致解析了互动式成果导向教练法的步骤，介绍了变革式对话的核心组成部分。完成第二本书的学习后，你可以继续阅读第三本书《流动》，学习教练对话的关键流程，并完成相应的练习。

## 探索对自我发展的承诺

或许你已经是一名教练了。如果是这样的话，通过阅读本书，你将获得更宽广的教练视野，能更好地理解由内而外生发的潜能。如果是这样，本书将带领你学习并掌握教练的内在对话。或许你是一位父亲或母亲，也可能是一位经理、生意人、朋友、导师、咨询师、艺术家、助理教练，你希望把教练技能融入自己的生活，希望能更好地理解和掌握教练方法。本书将为你提供一个全新的角度，学习如何发挥自己的潜能和激发周围人的潜能。

对于一位教练或使用教练方法的人来说，这些对话的重要性就像宝石对珠宝商的重要性一样。本书讲述了探索内心的方法，这正是教练事业在世界各地迅速发展的原因。这本书也是关于你的，它告诉你作为一名教练，如何获得智慧，增长能力，得到最佳练习。

这些对话包括什么？花一点时间，思考一些关于人性的重大问题：

- 如何管理自己的情绪？
- 如何坚持目标，即使在追求目标的过程中遇到困难，仍保持乐观心态？
- 如果中途放弃了原本的目标，你要如何摆脱挫败感，如何走出一条新路？
- 如何与超意识建立积极的联系，如何利用自己的内在资源？
- 如何把内心的恐惧和"小妖的幻象"转化成你真正的潜能？

教练是一门关于个人承诺的科学。本书将开启你探索这门科学的基础之旅。我们的目标是为你提供灵感，让你了解人们如何将练习系统化，从而在对话中和生活中获得强大的创造力与巨大的欢乐。

## 迈出第一步

现在，请你花一点时间扪心自问："我为什么要读这本书？我希望读完这本书后获得什么？"

你开始阅读，是希望自己成为更好的教练，是希望加深对自己的了解，还是希望和他人更有效地沟通？不管你的原因是什么，不管是否包括以上三个原因，现在就请你确定目标！你刚开始读的时候，就请想象一下实现目标后的景象。你在读这本书和做相关练习时，请遵守承诺，实现目标。

这本书的内容是关于如何运用成果导向教练法来实现强大的内在改变。本书旨在为你提供内在教练技能的基础知识和一条自我探索的通道，帮助你发现自己的人生目标。

我相信，通过本书介绍的引人入胜的练习，你获得的成效将相当显著。先逐章读完这本书，再看完本系列的其他两本书，通过书中提供的问题和工具，你将发展出属于自己的强大教练工具。

本书将改变你的生活，因为它将向你揭示人类经验的重要性，揭开你从未想象过的秘密，开拓你的视野和心灵。我保证，你花在此次旅途上的时间和努力，将给你带来千百倍的回报！

感谢你的阅读，感谢你选择《教练的艺术与科学》书系。

玛丽莲·阿特金森

蕾·切尔斯

# Inner Dynamics |第一章|
## 如何玩转大师的游戏：教练方法

热爱生命吧!我们会成为自己想要成为的人!

——无名氏

第一章　如何玩转大师的游戏：教练方法

## 唤醒你和他人心中沉睡的天才

美国精神病学家米尔顿·埃里克森博士（Milton Erickson，1901.12.5～1980.3.25）以使用非常规的心理疗法著称于世。他经常用隐喻和故事进行治疗，并称这种方法为"成果导向法"。他常常与学生们分享下面这段回忆。这段回忆还帮助他创设了一套基于乐观和信念的咨询疗法。

> 他还是个10岁小男孩的时候，曾在一个晴朗的春日清晨往父亲的农场走去，准备把几头小母牛从草地赶回牛圈里。这段路漫长而无聊，他没精打采的，一心只想去别处。突然，他听见一阵低沉的嗡嗡声，抬头一看，发现广阔的蓝天上有一架白色的双翼飞机朝自己高速飞来。奇怪的是，那架飞机猛地来了个俯冲，低空掠过他父亲的农场上方。引擎的隆隆轰鸣声在他的头顶上呼啸而过，他脚下的大地也随之颤动。飞机掠过了整个峡谷，机翼反射着点点阳光，然后爬升并消失了。引擎的轰鸣声逐渐减弱，变成了低沉的嗡嗡声，最终重归寂静。那是他生平第一次看见飞机，而且是如此近距

> 离地观察到。
>
> 尽管这个场景只持续了一小会儿,却引起了他极大的兴奋。他赶着小母牛,沿着来时的长路回家,一路上兴高采烈。他思考着,人生是如何赠予了他这样一份意想不到的奖赏,这样一份未曾想象的礼物!他突然意识到:"一个人永远不知道接下来会出现什么,它每时每刻都会给我们惊喜。谁知道下次会出现怎样的奇迹?"

与学生分享完这个故事后,他转向他们说:"那一刻让我明白了,你永远想不到人生会给你带来什么。10岁时,你不知道10~20岁之间的人生带给你什么样的惊喜或礼物;20岁时,你不知道20~30岁会发生些什么;30岁时,你不知道30~40岁的人生有怎样的可能……之后也是一样的!只有意识到未来是未知的,才能享有鲜活的人生!"

如果你想做他人的教练,首先请评估一下自己对当前生活的满意度吧。想一想我们每个人是如何找到自己的人生道路,并年复一年沿着它前进的。这真是件奇妙的事。但并非所有人都能如愿以偿地享受到富有激情、写满成就、充满意义的人生。在你的教练生涯中,抽点时间做些有意义的自我评估吧。请扪心自问:"我的人生道路能给我带来什么样的满足感、成就感和回报?我每天能揭开多少人生的未知篇章?"

我们很多人都有自己的标准日程和生活模式。你的日程和模式是什么样的?或许你过着早起、喝咖啡、吃早饭、做晨练、换正装、上班、开会、写报告的生活,薪水够你付账单,还能偶尔犒劳一下自己；或许你会按丈夫或孩子的日程安排自己的生活，完全为了他人而活；或许你有充足的自由时间，却无心投入、缺乏激情，甚至没有好好活着。你是否每时每刻都有内心的觉醒和再度觉醒？你是否真正表达出了心中的想法，还是恰好相反，生活模式一成不变，你的思想、内心和双手都受日程表的支配，让你感到疲惫而又空虚？你是否为了当下的生活而四处奔波，甚至没有时间思索有意义的充实的人生对你来说意味着什么？你是否找到了一条安逸但空虚的人生道路？换句话说，你是否在有意识地过着每一天？

你对每时每刻的自己有多高的评价？你每天展现了多少能量？你是否做着真正的自己？你有没有意识到那些有意识或无意识间引导你思维和行动的信念和价值观？你是否清楚它们对你有怎样的影响？如果人生是一场游戏，目前你玩得如何？你是否有一个充满激情的目标，或是听从了某种召唤？

每个人都在生命中的不同时刻体验过某个强大的目标的影响力。或许你还记得，小时候玩游戏或者参加体育活动时，自己拥有怎样的激情；或许你还记得，当你痴迷于弹奏乐器或者学习手艺的时候，自己是怎样全身心投入的。以我自己为例，我十几岁的时候曾一度迷恋钢琴，尝试过各种风格的音乐。尽管我以前听过莫扎特的作品，但直到某一天我认真地听了某部奏鸣曲，才真正听懂了莫扎特。我热情高涨，翻遍了家里所有的唱片，挑出莫扎特的专辑。听莫扎特的音乐让我意识到，我可以畅游在他的作品之中，跟随他的创作思路，捕捉那般丰富的内心感受。声音的交织是如此纯粹、精致、闪耀，让我心神荡漾，令我对音乐的整个品位都发生了变化——以前我一直更喜欢摇

唤醒沉睡的天才：教练的内在动力
Art & Science of Coaching
Inner Dynamics

滚乐那种原始的声音。如今，我却能在其他许多作曲家创作的世界里让想象自由翱翔，从心底享受这种构建和完成某个音乐主题的过程。我对音乐更加热爱，而这种热爱伴随了我的一生。

在职业中找到一个振奋人心的目标，和在音乐里找到激情没有什么不同。我们要看到未来人生的无限可能性。职业目标未必从一开始就是自发产生的，甚至很可能是完全从他人那里借鉴来的。然而，当我们追求它，并为之全力以赴的时候，它就获得了生命力，真正成了我们自己的目标。如果我们把工作当作一门必须掌握的手艺，充满创造力地去追求它，通过精巧美妙的方式巧妙地完成它，它就会赋予我们纯真和美好，人生也会在不同方面得到进一步拓展。这样一来，我们的人生就会变得充满意义。

你是否经常专注于成为自己想成为的人，做自己真正想做的事，达到自己预料之中的结果？你是否在日常生活中时时处处表现得表里如一？你是否以自己的方式充分享受你的人生？你是否能以自己和他人的最高价值为标准，果断专注地作出选择？你是否无论身处何地、面对何事，都能完全利用并享受每一刻？无论你的生活看起来怎样，这些问题的答案可以告诉你，在这场人生的游戏里你到底有多强。反过来，这也会影响你作为转化式沟通者能给他人带来多大的帮助。

## 真正的转化式对话

转化式对话是你帮助自己和他人获得紧密联系与明确目标的手

段，其核心是充分回应人生中不可思议的机遇和希望，从而获得更多、拥有更多、付出更多。在人生的关键时刻，有意义的刺激性对话会让一切变得不同。当今世界如此包容又有众多机会，足以造就伟业。然而与此同时，它也有如此强大的技术和威力，足以毁灭自己和他人。因此，转化式对话就显得尤为重要。

通过转化式对话，我们可以扩展人生的范围，展现真实的内在世界，同时给他人同样的帮助。关键时刻的转化式对话需要我们观察自己的生活模式，尤其是自己习以为常的想法，因为这些模式和想法会自觉地阻碍我们追求内心的最高真理。

## 如何玩转大师的游戏？

什么是大师的技能？大师的技能不是你某天就能得到的东西。它是一种存在的状态，一种充分与自己的思考和反应方式相连、实现身心合一的状态。

在此我想引用罗伯特·S.德洛浦（Robert S.Deropp）20世纪70年代出版的《大师游戏》中的精彩段落，帮助我们进行思考：

> 首先，正如古代贤人的建议那样，你要先找到一个值得玩的游戏。找到之后，就全身心投入地去玩，就像你的生命和心智都靠这个游戏存在一样。你可以效仿法国存在主义者，在玩的时候高悬一面旗帜，上书"投入"两个大字。

什么都没有，就代表什么都有可能。尽管你觉得所有路上都写着"前方无出口"，但在前进时，你要努力寻找目标。如果生活没有给你一个值得玩的游戏，那么，请自己找一个值得投入的游戏。我们很清楚，不管是什么样的游戏，有总比没有好。

虽然玩大师游戏很安全，但"安全"并没有让这个游戏流行起来。大师精通的游戏依然是我们这个社会中最困难、挑战性最高的游戏，很少有人会去玩。世人常常被各种光怪陆离的玩意儿吸引，很少去注意自己的内在世界。人们的眼睛都向外看，去观察外面的世界，很少有人向里看，去观察自己的内心。大师游戏完全是一个内在世界的游戏，是在内心这个广阔、复杂、人类知之甚少的领域里玩的游戏。大师游戏的目的是"真正的觉醒"，即充分发掘人的潜能。

能玩这个游戏的只有一种人。这种人洞悉自己和他人，知道人们通常的意识状态，即"清醒状态"不是他们能达到的最高意识状态。实际上，"清醒状态"离真正的"觉醒"还差得很远。不如说，把这种状态称为"梦游"更恰当，因为这是一种"醒着睡觉"的状态。

只要一个人得出这个结论，他就再也不能睡个安稳觉了。他的内心会燃烧着一种渴望，一种实现真正"觉醒"和"完全意识"的渴望。因为他意识到，自己听到的、看到的、知道的，只是他可以听到、看到、知道的一小部分。正如，虽有广厦千万间，他却住在最破旧的一间里。其实，他可以进入其他的房间。那些美轮美奂的房间里堆满珠宝，窗外通向无限和永恒。

## 第一章　如何玩转大师的游戏：教练方法

> 在玩大师游戏的少数玩家周围，弥漫着一种或多或少与大师游戏相斥的社会文化。有的文化甚至完全否定这个游戏，认为它是荒唐的，玩这个游戏的人是疯子。所以，往往在一个人开始玩大师游戏之前，周围的社会文化已经阻止了他去这么做。
>
> 玩大师游戏的人必须全身心地投入，以对抗周围文化带来的压力。而且，玩游戏的人要尽可能找到一位导师。和导师的其他学生一起学习，他可以获得更多的鼓励和帮助。否则，他就会在中途忘记自己的目标，或者走上歧途，迷失自我。
>
> 说到这里，读者应该已经明白了，大师游戏绝不是一个容易玩的游戏。它要求一个人投入自己的一切，投入所有的情感、所有的思想、所有的身体和精神能量。如果一个人在玩这个游戏时漫不经心，或者试图走捷径，是绝对不可行的，是有着毁灭自己潜能的风险的。所以，宁可不碰这个游戏，也不要心不在焉地玩。

对大师游戏的含义，我们每个人都有自己独特的理解。你可以深入思考上面这段话，揣摩它的含义，扪心自问："我在自己的大师游戏上花了多少精力？我玩得如何？"

生活就是一场游戏。你对游戏的关注会引导你参与某些活动。这些活动或有趣或无聊，也许让你满意，也许让你不满。大部分人在年轻时就选定了一个游戏，然后一生都在玩这个游戏。这个游戏常常成为某种催眠式的关注点，成为人们一生的痴迷。我们一生中，很容易会被分散精力的游戏吸引，比如追逐权力、名利、财富等。这些游戏引导我们进入了某些生活方式，尽管这些生活方式没有激发我们最大的能量，但我们从中得到了世俗的满足。

例如，人们很容易被权力游戏吸引。玩权力游戏的目标是防止自己对事物失去控制。权力游戏令人兴奋的地方在于，游戏者要努力控制一切事物。但这种控制是刻板的，需要付出的代价是我们无法活出鲜活的生命，无法充分具备灵活性。与此相似，追逐名利的游戏需要人们汲汲营营地生活，事事计算得失。所以，玩的时间越长，名利游戏的玩家就越不满足。我们周围有无数人热衷于追逐金钱的游戏。这个游戏的目的是买到自己目前无法拥有的东西。权力、名利、财富三个游戏的最大弊端是让人越来越消极，越来越意识不到自己的核心价值观、兴趣点和独特天赋。

另外一些人生游戏会引导你更加接近自我，比如家庭游戏、创造游戏、艺术游戏、哲学游戏、知识游戏、奉献游戏、协调财富和金融的游戏等。如果你全身心投入这些游戏，就能发挥出自己的最佳水平。

要练达地生活，就在于做好关键之处，与他人相处时做到友善、保持联系和灵活性；无论外部世界发生了什么，你都能保持内心的平和与幸福。这就需要你注意平衡、确定愿景、思考未来、拥有感恩和宽恕的品质，以此来化解人生道路上的矛盾和冲突。要做到练达地生活和掌控自己的意识，就要利用生活赋予的机会，开拓一片崭新的天地。

## 对"人"(Hu-man)的解释

想一想"Human"这个单词,你知道这个词其实是指"God-man"(神的人)吗?英文中还有很多以"Hu"为前缀的单词,比如"Humility"(谦卑)、"Humor"(幽默)、"Humanity"(仁慈)等,这些词都有巨大的能量。

我们来看一下大写字母"H",它在"Human"中体现为"Hu-"这个前缀。我们可以发现,这个字母代表"人"。现在,请把"H"写在一张纸上,试着把这个字母的形状和人的形体作个比较。

从以上这个观察中,我们可以看到生活充满朝气、人性充分发展的人有三个重要特点。

首先,"H"代表了与人体相似的稳定性。当你的人性充分发展时,你就会拥有坚定的信念,站姿挺拔,坚定不移。

注意,"H"的下半部分就像人的两条腿。这就意味着,在实现梦想的路上,你的双脚必须稳稳地踏在大地上,一步一步前进,才能实现你的梦想。如果你的双脚没有踏在坚实的土地上,没有根植在真实世界里,你就没有根基。没有根基,你就会漂泊不定,找不到自己的因果法则,无法体验生活的真理。如果你双脚踏在大地上,大地母亲就会传递给你能量。这样,即便是在双脚觉得累的时候,你也可以从大地中得到力量。

其次,可以把"H"的横线看作你的心。这颗心会推动你实现目标和理想,带领你遇到心爱的人,促使你为社会做出贡献。"H"缺少了中间的横线,就像生活中没有了目标、理想、爱人,没有了为他人奉献的精神。这样的生活将是苍白的,甚至是毫无意义的。目标为你指示生活的方向,引导你朝自己的目标和理想努力;理想引领你不断成长,充分发展你的自然本性;爱情、亲情和友情丰富了你的生活,加深了你生活的深度;爱人、家人和朋友会帮助你,与你亲密交谈,激励你前进,让你对人、对事、对人生有全新的看法。

当你给予他人支持或者接受他人支持时,当你为他人服务时,当你朝着符合核心价值观的愿景而努力时,中间这条横线和地平线就会形成两条平行线。海伦·凯勒(Helen Keller)曾经说过:"生活是件令人振奋的事情,尤其是为他人而活的时候。"

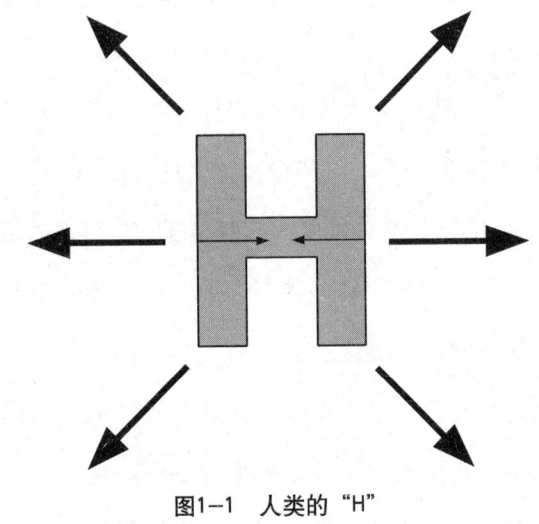

图1-1 人类的"H"

最后,如图1-1所示,字母"H"的顶部多像两只手臂。它们向上向外伸展,伸向无限的可能,伸向更深邃的涵义。当你唤醒内心,仰起头颅,睁开双眼,开启梦想,你在生活中就会变得更加壮志昂扬。

这种姿态会唤醒你的核心价值,而核心价值是与你的愿景、目标

# 第一章　如何玩转大师的游戏：教练方法

和使命紧密相连的。当你张开双臂、迎接新机会、接触新想法的时候，生命的意义就在召唤你。这种召唤将迎来美满的人生，点亮我们对愿景的渴盼。我们生来就能感觉到这种召唤，无论我们能否理解，它都和我们生活的旋律所契合。

即便如此，有些人还是无视生命的召唤，因为他们认为：

- 他们没有适合这种旅行的"鞋子"，所以不得不在上路前先找一双完美的鞋子；
- "现在不是开始这次旅程的合适时候。"不过，他们在过去的两年、三年、四年、五年，甚至更早的时候也这么说过；
- 他们需要他人的许可才能踏上这次旅程，但没有找到能给出这种许可的人。

如果你感到生命的意义在召唤你，你要做的就是迈开脚步，朝着召唤的方向出发。在迎着召唤迈开脚步时，你就和最真实的现实建立了联系。

当你决定为自己的目标而活，决心追寻自己真正想要的东西时，奇妙的事情就发生了。你开始相信，宇宙是站在你这边的。抱着这种信念，你会相信一切皆有可能。张开双臂，去触及无限可能吧。这不是为了追寻世俗的成功、名利或财富，而是为了分享非凡的天赐之福，它会启发你超越自己、让他人活出真正的自己。开始这段旅程时，我们会感到由衷的满足。我们会发现，这才是真正开始了解自己，而这会把生活提升到一个全新的层次。

在你挺拔地站立，与大地母亲相联系，张开双臂追寻你的目标，与爱人和家人相处融洽，打开思想之门后，你会变得更善于表达，更有创造和沟通的能力。你会发现，自己的生活充满了活力。当你把这种觉醒的状态带入与自己和他人的重要对话中时，你就会不断成长。有时候，你甚至没有意识到自己在成长，也不知道这是什么样的成长。如此一来，你才是作为一个人在鲜活地生活。

作为一名教练，要进行转化式对话，自己首先就要拥有"H"形的坚实基础。这样，你才能为自己和他人传递价值。随着逐步学习和整合转化式对话，你会看到，转化式对话符合每个人内心对改变的渴求，转化式对话的技能是最有效沟通模式的灵魂所在。

当你运用从本书中学到的变革式教练技能与人沟通时，你就是在自然而然地帮助他人成长。当你帮助交谈对象寻找内心的方向，同时深入内心寻找对话对自己的意义时，你就提供了一些意义非凡的东西。

通过重新定义对自己、对生活、对周围人的看法，你会发现，这里面有着更深的意义。这将引导你与自己和他人进行更深入的对话，也将引领你进入丰富多彩的高质量的生活。

总结一下，"H"提出了人性充分发展的三个方面：

(1) 向上伸展，伸向无限的可能性，认识到在自己和他人身上有无限潜能。

(2) 具有方向感地生活，与爱人和家人沟通，帮助他人。

(3) 脚踏实地，积极行动。

通过实践教练的艺术与科学，通过帮助交谈对象、客户、孩子、朋友和同事，采用转化式对话沟通的人，会将提升自己和帮助他人合二为一，令你成为无比鲜活的人。

## 整合伸展练习

当我们定义思维空间时，深层认知思维就会以多种高效方式运作。为了达到这个练习的目的，你投入思维的空间将是自己所站之处。站起来，投入当下这一刻。

当你站着的时候，注意自己与地面的联系，注意你的双脚是穿过地面与大地母亲联系在一起的，请感受那种紧密而坚固的联系。想象你脚下长出树根，它们向下，向下，再向下，与大地母亲联系起来，成为你稳定的能量来源。

当这些树根延伸到大地中心时，你开始感到能量通过树根传到双脚、双腿，给身体注入活力。能量自然流遍你的全身，更新你的每个细胞、每条肌腱、每根骨头、每块肌肉、每个器官。你感觉到能量在增长，感觉到身体周围有一圈特别的光晕。

与自己的心连接，向旁边伸出手，将右臂向右伸展，想象你的右臂指向你和周围人的关系。尽可能伸展你的右手，想象用手触摸到了你和家人、朋友、合作者关系的核心，想象他们就在附近，感受这种连接带来的爱与愉悦。

伸出手去，为他人奉献。大地母亲带给你能量，通过你滋养他人。现在放松右臂，双手放回身体两边，将意识收回，清除脑海中对人际关系的困惑。想象人际关系脉络变得清晰，沟通毫无阻碍，感受困惑清除后的美好。倾听脑海中闪现的声音，它们在告诉你，排除这些困惑后的感觉是多么美好。

现在，将左臂向左伸展，想象左手指向你的目标和理想。感觉你自己在伸展。然后想象你可以触摸到你的目标和理想，想象你现在就在实现它们。感受触及目标和理想时的欢乐。当你伸出手臂触摸目标和理想时，感受大地母亲在为你提供能量。你的手在为世界做出奉献，感受一下这种美好的感觉。

现在放松左臂，双手放回身体两边，将意识收回。在这个过程中，关注几个明确的目标，让它们在你的头脑中变得更加清晰。注意观察，在追求这些目标时，你是怎样的人；实现目标之后，你又将成为什么样的人。将这些问题厘清时，体验那感觉是多么美好。倾听脑海中闪现的声音，它在告诉你，重新审视这些目标的感觉是多么美好。

现在，将双手向上伸出，伸向天空，感觉大地母亲传输给你的能量也在向上延伸。伸展的时候，感受你和大地母亲的联系，感受探索理想和目标的深远意义、探索与亲戚朋友的深层关系，感受探索自己身体的美妙感觉。深入感知你的身体、人际关系、理想/目标，这三者与生命更深层的联系。感受大地母亲的能量通过你，与这个更深层的意义相连接。当你伸展双手时，感觉你与大地母亲、与生命更深层意义的联系是如此强大、如此真实。

现在放松一下，放松手臂。你的内心深刻认识了一点——你是人类（Hu-man），你是"神的人"（God-man），你是重要的。你就是你，你与大地、与周围人的联系一直存在。释放对生命深层意义的所有困惑，坚信生命的意义就在那里，坚信你会找到它。

运用本书列出的强大流程，探索并实践我们将向你展示的每一项技能，你将发现自己的改变和提升。你会发现自己工作的深层意义，人际关系的深层意义，以及自己身体的深层意义和与世间万物紧密相连的深层意义。

Inner Dynamics |第二章|
大脑及其工作原理

> 事情不是看上去的样子,也不是别的样子。
> ——一座佛教寺院厨房墙上的警示

> 境由心生。
> ——佛陀

## 米尔顿·埃里克森和逃跑的马

米尔顿·埃里克森常给学生们讲他和弟弟妹妹在明尼苏达州农场生活的故事。

一天下午,米尔顿和其他孩子们在农场谷仓院里玩。他们看到一匹从没见过的马——一匹红色、充满活力的高头大马,沿着大路一路小跑过来。它跑过孩子们的身边,停在水槽旁,开始喝水。

孩子们很害怕。米尔顿是这些孩子里年纪最大的,他决定作一次勇敢的尝试。他悄悄地爬到水槽上面,然后小心翼翼地爬上马背。他爬上马背时,马警觉了一下,但继续喝起了水。

马喝完水后,米尔顿揪住马厚厚的红鬃毛,用膝盖顶顶马,催促它上路。那匹马听从米尔顿的号令,跑回了大路上。马跑了一段,在一个分岔口犹豫了一下。米尔顿没有催促它,耐心地等待着。最后,马选择了一个方向。米尔顿又用膝盖顶顶它,催促它向前快跑。

四个小时后,米尔顿发现自己来到了山谷里一个完全陌生的

> 地方。一个皮肤黝黑的农民放下手头的活儿，抬头看到米尔顿沿着大路骑马跑过来。他高兴地大喊道："我的马回来啦！"他问米尔顿："你怎么知道把马带到这里来呢？"
>
> 　　米尔顿回答："我不认得路，但是马认得。我只是让它把专注力放在赶路上。"

讲完这个故事，米尔顿会告诉学生："你想要的任何目标都可以这样实现。"

指导米尔顿工作的基本观点之一很简单，那就是相信"人们已经拥有了获得成功所需的所有内在资源"。米尔顿的意愿是把马送回家，他把注意力放在马的每个动作上，相信这匹马知道回家的方向。他相信马的智慧，相信这种方法有效，自己只需指导马保持正确路线就行。

了解大脑运作的基本原理，对提升自己和帮助他人都大有益处。如果你学会了识别什么是有效（和无效）的大脑习惯，在与他人交流时，你就能识别他们的大脑习惯。你还会发现自己更有同情心、更有耐心、更能帮助他人跨越情绪障碍、更能够有效地实现目标。此外，大脑运作模式的基本原理还有助于你发现自己和他人的更高意愿，促进内在成长，在现实世界中得到更多收获。

下文的描述是比喻性的，是对大脑运作模式基本原理的高度概括。大脑研究专家会告诉你，大脑行为领域的各个部分都极其复杂。然而，本章描述的控制点和思维系统很有用，能用于描述现实中的思维和感觉问题，以及大脑—思维习惯的历史背景和发展过程。我们的描述是简化的，但它涵盖了人类的种种行为模式，即主人公充满力量或处于困境时的行为模式。

了解我们的大脑，有助于提升我们帮助自己和他人的能力。人类有三层大脑，它们功能各异，一层包裹一层。随着我们日益成熟，我们会在这三层大脑之上构建思维系统。这个系统（如图2-1）包括：

· 本能脑（爬虫脑）。
· 情绪脑（边缘系统）。
· 大脑皮层（新皮质）。

我们还有第四个系统，称为"整合系统"。当我们有意识地朝着一个重要的目标努力，要整合上述三层大脑时，整合系统就会发挥作用。

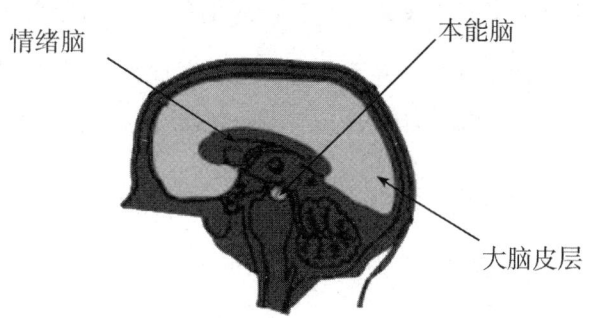

图2-1 三层大脑系统

在这一章里，我们会介绍关于大脑—思维系统的研究结果、每一层大脑的特性,以及三脑是如何协作的。随后我们将与你分享,如何帮助他人运用全部心智去得到他们想要的东西,以及为什么要谨慎对待自己的思想。

## 本能脑

本能脑位于大脑的最里层,是最古老的一层大脑。它是我们和其他动物共有的大脑结构。无论是地球上最古老的爬行动物,还是直立行走的人类,都拥有本能脑。本能脑,也称爬虫脑,已经进化了超过1亿年。这个小小的脑干突出部分位于脊柱顶端,它的主要功能是保证身体的安全。因此,当你感到恐惧时,本能脑就会被激活,自动作出战斗、逃跑或静止的反应。

当我们需要迅速反应时,本能脑非常有用。本能脑的功能和天赋让我们能迅速对刺激作出反应。当我们的生命或躯体遇到危险时,这种反应的速度非常快,有时甚至比意识还快。比如,当你的手伸向火炉时,在你的意识发现火炉是烫的之前,本能脑已经指示你把手迅速抽回来了。又比如,当你不小心把手伸向水壶喷出的蒸汽时,在你意识到之前,你已经把手抽回来,保护好自己了。

尽管本能脑负责迅速反应以保证身体安全,但它有时候也会犯错误,会混淆假想的威胁和现实的危险。当假想或真实的危险刺激本能脑时,本能脑都会迅速夺取身体的控制权,同时作出战斗、逃跑或静止的动作,来保证身体的安全。这种反应有时是有效的,也值得肯定，但有些情况下则是无效的，甚至会阻碍你获得想要的东西。

早在恐龙时代，本能脑的功能就已经十分完善。尽管本能脑已经进化了很长时间，能很好地保障我们的身体安全，但它只有确认了身体没有危险，才会允许做出某些重大改变，而这往往会阻碍重大改变的发生。比如，一位退伍多年的老兵在街上忽然听到汽车回火的声音时，他的大脑会像听到枪声一样做出反应。他会回到自己在战争中学到的"战斗或逃跑"的反应模式，本能脑会冲出来保护身体。在这个老兵意识到"没事，我现在回家了，这不过是汽车回火"之前，他已经把自己隐藏起来了。

请花几分钟回忆一下自己的生活，回想某一时刻。那时，你做出了一个反应，然后意识到你是反应过度了。当你回想这件事时，你可能觉得羞耻或尴尬。事实上，你没有出问题。那一刻发生的事情是，你的本能脑以一种无效的方式掌控了你的思维。好消息是，你可以学会如何更高效地利用你的整个大脑，让这种情况在将来不会轻易发生。

## 情绪脑

第二层大脑是大脑边缘系统，人们常常称之为情绪脑。它代表了我们大脑系统的下一个发展水平。

所有的哺乳动物都有情绪，能把爱、愤怒、害怕等情绪带到行动中去。情绪脑（边缘系统）给哺乳动物带来了情绪化的生活。

在恐龙时代后期，至少5000万年以前，基本的哺乳动物的情绪脑开始发展。它像一个小手套一样包裹着大脑的顶部。所有的高等动物，比如猫、狗和人类进化上的近亲大象，它们的大脑有98%与人类大脑的结构和功能相同。这个现象或许可以解释，至少在某种程度上可以解释，为什么我们那么喜欢宠物。因为，我们至少有一部分大脑是相同的！

本能脑和情绪脑有很长的协作史，它们已经发展到可以密切配合的程度。两者共同连接身体意识和情绪意识，提供了主动记忆和当下意识。你的情绪脑会把过去学到的东西与当下体会到的东西结合起来，但不会想到将来和长远的结果。

情绪脑特征之一是，其反思记忆的方式是由内而外的。换句话说，它会投入所有的记忆，就像那些事情正在重演了一样。当你投入某个记忆时，你就踏进了过去的某个时刻，重新体会当时的感觉，重新经历那个事件，就像往事重演一样。作为一名转化式沟通者，理解这一点非常关键：投入式记忆（associated memories）就像重新经历过去的事，并伴随着那一刻的强烈情绪。

情绪脑特征之二是它喜欢让事物维持原样。它的作用是创造一个维持长久习惯的强烈意愿。当你感到对变化的抵制时，就是情绪脑在控制你的思想。所以，当你设想的东西不能完成，如吃着你曾发誓要远离的点心，或者又一次对你的孩子大吼时，你不是有毛病，只不过是陷入了原有的情绪模式罢了。

情绪脑也与口头交流的发展有关系。所有哺乳动物都表现出了交流情绪的能力。在某种情况下，它们还会有意识地运用不同的音调。你可能注意到了，还听不懂人话的婴儿会对音调的变化作出很好的反应。狗可以发出很多种声音，以此来表达不同的意思。如果你学会了认真倾听，你就能通过狗发出的声音分辨出它在"说"什么。回想一下狗不同的叫声，有的可能意味着"注意！外面有人！"，有的则可能意味着"现在到游戏时间了，扔个球吧！"。当狗妈妈把家从一个位置挪到另一个位置时，幼犬会用与众不同的叫声吸引母亲的注意。这样，每一只幼犬都不会被母亲丢下。当你和成年狗分别站在门里和门外时，它想要吸引门另一边的你的注意，也会用这种与众不同的叫声："嘿，我在这里！不要忘了我！"你知道熊会用很多种吼叫声来和它们的孩子交流吗？小熊能立刻识别并遵守这些信息，比如：待在身边、快跑、跳到河里或爬上树。你有没有想过，当一只猫在咪咪叫、低吼、喵喵叫或嘶嘶叫的时候，它想要说些什么？

情绪脑特征之三是，它考虑问题的方式是"是"或"否"，"对"或"错"，"这个"或"那个"，没有灰色地带或阴影地带。黑就是黑，白就是白，黑白之间没有灰色地带。人们在恐惧中思考的时候，你很容易观察到情绪脑这种非黑即白的反应方式。与此相似的是，可能有一些你认识的人，他们的基本生活方式就是把事物分成黑或白、好或坏、是或否、对或错，完全没有折中的余地。

情绪脑的基本功能和本能脑类似，也是在紧急情况下作出反应。情绪脑最关注的是群体、家庭或部落的生存。由于这个原因，当一个人与组织成员共同朝着整体的幸福努力时，情绪脑的作用会发挥到最好。

在一个人发生重大变化前，情绪脑必须确认群体是安全的。理解这一点很重要。即使在当今社会，也有一些次文化群体把群体外的任何人都视为敌人。在一个较小的范围里，你是否遇到过非常坚持自己观点的人？这种狂热人士在很大程度上是被他们的情绪脑控制了。

当你做自己或他人的教练时，很重要的一点就是把情绪脑和本能脑在进化中形成的强大协作关系铭记在心。当它们感觉受威胁时，这些有强大联系的大脑系统就会接管身体的实际控制权。对本能脑来说，这种威胁是身体上的；而对情绪脑来说，这可能是一种情绪上的威胁，比如失恋、对未知的恐惧、对群体的威胁，或者仅仅是生活里的一个变化。

你是否有一件想去做的事，最后却没有付诸行动？你可能下定决心要减肥，在锻炼身体的同时制订了一个特别的节食食谱，还买了新的食物。但到了吃饭的时候，你却无意间发现自己习惯性地开车来到了一家快餐店，点了炸薯条、奶酪汉堡、巧克力奶昔等高脂肪、高卡路里、低营养的食物，而不是在家里做一顿健康的饭菜！这是你的情绪脑在抵制改变。作为一个习惯性的系统，情绪脑关注的是此情此景，关注的是当下和当下的欲望。这个强大的系统与投入式记忆相关，共同阻止了转化式的改变。

应该如何克服情绪脑的惯性，获得生活中自己想要的东西呢？你要学会充分运用大脑皮层的力量。

## 大脑皮层

为了聚焦未来，完成计划，实现目标，你需要运用大脑皮层中的左脑或右脑系统的视觉想象能力。这个视觉大脑系统出现在距今200万到250万年前。与本能脑和情绪脑相比，大脑皮层相当年轻。大脑皮层掌控着大脑绝大部分的智力，拥有16万亿相关联的神经元。凭借它的速度和处理能力，你的大脑比只靠惯性情绪支配的大脑灵活1000倍。所有这些灵活性和能力使我们能够适应视觉投射（visual projection）和视觉推理（visual logic）。

视觉化的大脑皮层的一个重要优势就是视觉规划和系统观察，或者说是全局观。大脑皮层的前额叶尺寸巨大、结构复杂，所以它可以用作未来规划。例如，描绘蓝图，比较和舍弃规划的草案，直到敲定最终计划。这要求大脑非同一般的视觉化能力。

与情绪脑投入过去的记忆不同，大脑皮层通过分离的图景来思考。它会将一个事件中的图片组合起来，在自己脑子里放电影，就像这件事是发生在他人身上一样。当记忆事件以分离的方式呈现时，涉及情绪的部分就会大大减弱。在我们看来，这不是真实的。因此，我们可以想象并考虑很多种方式，以便做出最佳选择。这就像我们在看电影一样，我们是自己生活的导演！

当你用大脑皮层回忆过去的事情时，本能脑和情绪脑会产生身临其境的感觉，其程度取决于你的大脑皮层如何想象这个事件。投入式的回忆（重新经历那个时刻）比分离式的记忆（置身事外看待那个时刻）更能促使情绪脑唤起身体反应，这是因为情绪脑会对投入式的图像产生反应，它经常能让我们重新体验过去的事件。另一方面，大脑皮层则只会让我们重新审视这一事件。

此外，大脑皮层是极具合作性的大脑组成部分。它会把战略路径视觉化，从而解决团队中最重要的问题。比如，原始人类为了更大的家族利益开始试着一起工作。花些时间想象一下这个场景：为了给部落提供充足的过冬食物，猎人们必须协同合作。那么他们应该怎样实现这个共同目标呢？最有效率的猎人是那些能制订出各种计划、用最少的努力获得最多食物的人。假设你是一个猎人团队的领导者，你发现前方有一群鹿，你可能设想不同的策略，讨论多种想法，比如"我们是把鹿群赶到悬崖上"，还是"把它们围困在峡谷里"，还是"把鹿群赶向另一拨埋伏着的猎人"。你甚至可能询问其他人："你认为哪个方法最有效？"假设你发现自己面对一头野牛，而你手里只有一把斧头，你能想出多少种方法让自己活下来，并把最多的肉带回家？那些能最大化利用大脑皮层视觉化能力的人活得更久，也更健康。

大脑皮层的前额叶赋予了你一种能力，让你在参与某项活动前能先在头脑中排练。这种技术被广泛应用于提升音乐家和运动员的技能。格伦·古尔德（Glenn Gould）是加拿大著名的钢琴家和艺术大师，其特点之一是，在演奏巴赫的乐曲之前，会独自在心里排练，而不是实际演奏这首乐曲。当你通过分离的片段在头脑里排练一个特定任务时，你身体里与这项技能有关的神经通路就会开始运作。精神排练（mental rehearsal）也会引起实际演练所需肌肉的小幅度运动，从而使你的技艺更加纯熟，使你的身体习惯这种表演。这就是身心联合的力量。这种力量通过借助你的内心，创造你的现实。就像你以前可能听说过的一样，所有的事都是先发生在脑子里，然后再发生在现实中。

尽管大脑皮层很大、很有力、很灵活，能帮助你规划和实现最有效率的计划，但它在进化上仅仅存在了200万到250万年。在某种程度上，这意味着大脑皮层不过是街区里的新孩子。大脑皮层与情绪脑和本能脑只有部分的结合，但后两者在数百万年的进化过程中已经建立了彼此协调的交互功能。

## 语言系统的发展

你是否知道，语言的发展史至今不过20万年，而复杂的语言在距今5万年前才开始形成？

大脑皮层与语言系统的发展有关。正如情绪脑负责多种音调的情绪反应，大脑皮层则为结合左右脑全部功能的复杂认知结构提供了可能。

与其他大脑功能相比，语言是一项新兴的发展。这意味着，语言只能表现出我们大脑惊人想象力中很有限的一部分。语言只能为我们大脑理想的东西提供一个简略的描述。当我们描述深层的思考和感受时，语言就变得相当笨拙了。我们的声音跟不上大脑，交流的速度跟不上大脑中事情发生的速度。我们无法意识到某一特定时刻三层大脑里发生和考虑的所有事。

## 视觉化的力量：大脑之旅

请把"视觉化"看作提升观察每个大脑系统内在能力的一种方式。语言已经成为构建我们大脑视觉化的一部分。大脑皮层通常以视觉化的方式工作，其中还涉及听觉，比如与视觉化有关的声音。同时，情绪脑会带入味觉和嗅觉的记忆，以及与这种记忆相配合的肢体感觉。大脑通过这种方式来提醒你重要的事情。

为了加深对大脑以及工作原理的认识，我们将带你对三层大脑作一次视觉化的旅行，从大脑的角度想象它们是如何运作的。如果你想加深视觉化的影响，可以让他人把下面的部分读给你听。你可以放松下来，运用潜意识（下一章将作深入讨论），以便获得更深的体会。

## 本能脑之旅

深深吸气，然后缓慢呼出。再次深吸气。想象自己就是本能脑/爬虫脑。这部分大脑位于脑干的顶端，深藏在你的颅骨中。想象你是自己身体的神经意识中心。你可以把它想象成一个控制面板，各种各样的信号一起涌入，而你是检测员，观察着这些信号，提防所有可能出现的危险。

想象在生活中的某一时刻，那些信号连续不断地快速涌入，随着身体的每一次颤动和每一个动作而变化。作为检测员，当你动动手肘，感到以前打网球受伤处产生刺痛，你就能看到信号的变化。当你扎到自己的脚趾时，你也会看到信号变化、听到警报作响——噢！控制面板上的灯在闪，警报在响。在那一瞬间，你需要作个决定：这是否危险？不，这不过是扎到了自己脚趾罢了。即使脚趾继续给控制面板发送"疼！疼！疼！"的信息，你作为检测员也只能说："好的，我听到你说的了，我知道你疼，没关系的。"你关闭了警报，安下心来重新观测连续不断的信号流，寻找可能意味着危险的信号。空闲一段时间之后，你可能觉得无聊，想放松注意力，但是你不能这么做。你仍然要坚持查看控制面板，观测所有的信号，保持警惕，保持意识，随时准备行动。

忽然，事情发生了。刺耳的声音响起！因为你摸到了滚烫的咖啡壶，你的手发送了一个信号："哦，它好烫！烫！烫！"警报响起，你依据以往经验建立的神经通路和警觉状态迅速作出了反应。在眼睛看到之前，你已经按下了按钮，让手迅速收回，离开了热源。嘀！你干得很好，你又一次保护了自己的身体，使之免于受伤。

你的警觉可能比意识提醒的速度更快。当意识终于赶上来时，你的身体才会说："哇唔！好烫！"这时，你已经回到了正常的高度警觉状态，知道意识已经感觉到了危险。你继续注意控制面板，观测从每条神经和每个感知部位传来的信息。上百万条信息流过你的控制面板，只有你一个人负责处理。

如果你已经全身心投入这个视觉化场景，现在，请花一点时间让自己回到现实，回到你对周围的感知。

把自己想象成本能脑是不是很神奇？现在，你已经体验过了，它感觉如何，听上去如何，看上去如何？关于本能脑如何工作的知识，已经成了你深层意识的一部分。由于对它的认识已经超越了纸上的简单文字，你就可以在意识层面上感知到它的存在。

## 情绪脑之旅

让我们推进到情绪脑。做几个深呼吸，想象你是像手套一样包裹在本能脑上的情绪脑。想象一下，作为一个脑，包裹着另一个更小的脑是什么感觉。想象一下，总是关注自己的家庭是什么感觉。

总是以黑或白、对家庭有害或无害这类选项来看待事物，是什么感觉？你作的每一个决定都要先经过过滤器："这样对我的家庭有好处吗？有还是没有？"想象一下，你身体的感觉都被组织好，打包好，由本能脑以感觉的形式传送给你的情绪脑。你不需要照看神经控制面板，因为本能脑在做这件事。你要负责观测和发展身体的情绪，并感觉愤怒、爱、暴怒、欢乐等身体的感受。

你一直与本能脑密切联系着。你们一起工作了很长时间，对彼此都很了解。你也很喜欢自己了解到的绝大部分东西。小时候，你喜欢妈妈做的食物。你很熟悉那些食物的味道，那几乎就是家的味道。家是很重要的。任何熟悉的事物对你来说都很重要，都值得特别关注，它们遭遇危险时都值得保护。这些事物包括你熟悉的举动、你一直在做的事，或者你已经开始享受的东西。

每个决定都必须经过以下过滤器："这对我的家庭有好处吗？这会不会威胁到我熟悉的东西？"如果它对家庭没有好处，或者会破坏你熟悉的东西，你就会拒绝，不管这件事有多伟大，或者别人告诉你它能节省多少工作和时间。那些都不重要，我熟悉的事物，或者我家庭的一部分，都必须维持原样。就算有人说"这些牛羊肉对你身体有害"，这句话也会经过过滤器。如果你一直都吃牛羊肉，而它是你熟悉的事物，你就不会改变你的习惯。

当情绪脑作出决定时，这个决定建立在家庭或熟悉事物的基础上。这是因为你没有意识到过滤器的存在。此外，它是一个意识系统，就像本能脑一样。它只关注现在，现在，现在。即使是过去熟悉的记忆，也成了另一种形式的现在。

你一直在关注：会不会有什么东西威胁到你的情绪？会不会有什么行为或外在力量在威胁你的感觉和安全感？会不会有什么东西影响你对家庭的归属感，破坏你熟悉的感觉？每个潜在的互动行为都会经历这个过滤器。想象在你面前有一个大过滤器，就像一张大滤网，只有那些经过了过滤的东西，你才会接受。过滤的内容包括：它对家庭有好处吗？它是我熟悉的吗？我对它的感觉如何？

现在收回你的意识，感觉你周围的环境，感觉此时此刻。这是一次很棒的旅行，不是吗？你现在已经利用自己本能的理解力，在更深的层次上理解了情绪脑的工作原理。

## 大脑皮层之旅

现在来看看大脑皮层。它对大脑来说是个大概念。想象你是一层又一层灰色脂肪组成的折皱物质，你自己本身也形成折皱，塞满整个颅骨。在这里，你拥有极大的视觉化能力。你能在折皱中自由穿梭，能瞬间到达某一地点。想象着你像爱因斯坦一样，乘着一束光，以光速到达宇宙的每一个角落。想象你是一个钟表，用你的指针和滴答声指示时间的流逝。想象你乘船游览加勒比海，或是在尼泊尔攀登高山。你更喜欢哪一个？你的大脑皮层会向情绪脑发问："你觉得加勒比海之旅怎样？"情绪脑会做出一种情绪回应。这种回应或许关乎蜘蛛、温暖的海水，或许关乎其他方面。这完全建立在情绪脑与安全和熟悉有关的经验基础之上。你几乎不会意识到这整个过程。

想象你面前有一堆炽热的煤炭。假设你决定像别人正在做的一样，赤脚走过这堆炽热的煤炭。正当你决定行动的时候，你的情绪脑会用它的恐惧压倒你的想法。它会大叫："别人做不做和我没关系，这样肯定会疼！我怕！"或者你的本能脑会说："不能这样做！你会被烧伤的！"在这种情况下，即便你强迫身体踏上炽热的煤炭，身体也不会这样做。只有你的三脑达成一致意见时，你才能行动，安全地行动。这就是三脑合作的力量。现在，感受一下你整个大脑协同工作的感觉。你每时每刻都在运用你的整个大脑，这是你生活的内在灵活性。

想象一下，如果你的三脑能保持密切配合、协同合作，你会有多大的力量去坚持节食、赚更多的钱或获取你在生活中想要的其他东西。本能脑为你指出保持身体安全的方法，情绪脑给你提供情绪上的帮助，大脑皮层则为你规划愿景。

三脑达成一致时，成功就唾手可得。没有三脑的协同配合，成功就极为困难。想象一下，如果三脑为了夺取身体控制权而战，哪个会取胜？情绪脑会推翻大脑皮层的合理规划，本能脑则会要求身体安全压过情感。想象一下，如果三脑都想要不同的结果，会出现怎样的混乱！想象一下，如果每部分脑都想胜过其他脑，赢得身体的控制权，你怎么可能有协调一致的行动？

一切有用的改变都与管理自己的大脑—思维系统相关。强大的转化式对话使我们能迅速做到这一点，使我们能在这个世界里掌控自己的计划。

Inner Dynamics |第三章|
**超意识思维：你的整合系统**

> 真正的发现之旅不在于发现新风景,而在于获得新视角。
> 
> ——马塞尔·普鲁斯特(Marcel Proust)

## 海伦·凯勒：如何造就"人类"

很多人都读过海伦·凯勒的故事，为这个失去了听觉和视觉却很快乐的女人的智慧、好奇心和幽默感到惊讶。我第一次读到她精彩绝伦的传记是在一个春天，在一棵绽放着鲜艳的粉色花朵的樱桃树下。我坐在草坪上的椅子里，听着悦耳的鸟鸣声。我试着想象了一下，没有听觉和视觉的生活会是什么样子。这很难想象。

海伦没有用"像是生活在'没有生活'或'全然孤独'的灰色地带中"这样的词汇来形容自己早年的生活。她只是说："我不知道做一个人有什么意义。"

她7岁的时候，一位盲文老师来到了她父母的农场，耐心地与她共度了那个夏天。海伦说，当她明白语言是什么的那一刻，她实现了伟大的突破。当老师在她掌心里写了40遍"水"这个词时，她突然意识到了词汇是什么！

在一个关键时刻，她超越了原来那个情绪化的、像动物一样的人，获得了人类的理解力。她知道了什么是语言！她抓住老师，把她拉回到屋子里，让老师把她能摸到的所有东西的词汇都教给自己。就像她后来向别人解释的一样，她想要"让世界鲜活起来"。

海伦成了一位受过良好教育的作家，她的热情、活泼、机敏最终成为高度文明、强大有力的人类能力的标杆。20世纪四五十年代，她凭借文学批评和卓越的领导能力闻名于世。许多著名作家、作曲家、思想家和外交官都到她位于华盛顿的家中拜访她，聆听她的教诲。她的一些著名言论强调了人类发展的关键。下面是其中三个：

- 当被问到失去视力和听力受到的限制时，海伦大笑起来。她回答说："这和眼睛、耳朵的功能没有任何关系，经验是强大的！"她补充说，"眼睛和耳朵的缺失只是小事，没有愿景的生活才更糟糕！"
- 她曾用自己的状况比喻全人类的情形。"我只是一个人，但我仍是一个人。我不能做到所有事，但我能做到一些事；正是因为我不能做到所有事，我才不会拒绝去做我能做到的事。"
- 很多人都记得她充满力量的言论，记得来自这位"重获生命"并珍视每一刻的人的警告："生命要么是一次勇敢的冒险，要么就什么都不是！"

从海伦的话中，我们能体会到一些很深刻、很重要的东西。我们所有人都是梦想家，一次又一次地编织着自己的生活。但有些时候，我们却表现得像餐桌旁的乞丐。只有我们能决定自己生活的质量。只有我们能选择自己的梦想，并承诺去实现它们。

真知和有目标的生活意味着找到生活的中心。我们要么是在追求真正的生活，要么就什么都不是！

## 整合你的大脑—思维系统

在第二章中，你已经对三层大脑系统有了基本的认识，这也是了解思维系统组织的关键。现在，你已经准备好了提升自己的技能，强化你思维的意识系统和超意识系统之间的关系。彻底探索、测试、信任这两者的关系，将为转化式对话构建坚实的基础，让你过上真正的生活。

请注意，我们在这里用的词是"超意识"而不是更常见的"潜意识"。正如我们接下来会解释到的，我们的深层价值导向思维有自主意识，能自主整合，因此用"超意识"更加准确。我们也把这种更广泛意义上的思维称为深层认知系统，因为它在生活中的任务就是组织你的核心价值和目标。

## 意识的本质

意识的本质是什么？花一点时间来想想这个问题：你现在能意识到什么？不管你现在在哪里，环顾四周，注意周围的环境。你意识到了什么？你可能会发现，自己的意识像潜艇的潜望镜一样。你会发现，专注力的潜望镜从一个地方飞掠到另一个地方，或许会看到熟悉的物体，或许会听到远处的声音，或许会听到某处某人的交谈，或许会听到外面的汽车声。或许你的注意力会向内转移，注意到身体感知或呼吸。你可能会察觉自己内心的对话——有个小小的声音可能正在说："她说的'意识'是什么意思？"

换言之，尽管你可以有意识地关注多重领域，但你倾向于按照顺序关注它们。对绝大多数人来说，有意识的注意力通常是狭窄的，我们同时注意的事通常不超过3~5件。研究表明，意识（因文化背景和个人实践的不同而不同）一次可以容纳4~7个关注焦点（横向）。当你把有意识的注意力转移到需要的地方时，你就抹掉了对其他领域的关注。

我们很熟悉让意识持续不断地重新对焦的行为，尽管我们可能没有注意过它的过程。现在，我们要来探索这一点，让你意识到你左脚的大拇指。在提出这条要求之前，你最近或许没有有意识地感知过自己左脚的大拇指。一旦你选择了关注左脚大拇指，你就会自动把一直能接收到的信息带进意识。但当你没有主动考虑它的时候，你对大拇指的感知在哪里？它一直被你的超意识监控着。

也就是说，你对自己全身的感觉一直触手可及，但经常被排除在意识之外。即使大脑系统仔细检查我们的身体状况，我们也常常把注意力从很多不重要的地方（比如左脚大拇指）移开，让意识更有效地聚焦于更重要的地方。

很显然，大脑并不是每时每刻都在有意识地感知身体各个部位。

但当你寻找每个部位时，它们可以瞬间被触及。情绪脑也一直在监测你的情绪状况。本能脑和情绪脑之间的强大关联意味着，你的情绪和身体感知紧密地联系在一起，而且被密切监测着。这个双脑系统控制着你的注意力。

意识是为有意识的意愿服务的。由于意识的关注点有限，同时只能有4~7个信息焦点，所以它很容易突然发生错乱。如果你允许自己的意愿被拉到别处，这种混乱就很容易发生。由于意识只是受意愿引导的聚焦设备，意识倾向于聚焦在关于意愿的细节上，因此它很容易在细节中迷失。

由于意识的狭窄性，它偏爱清晰的选择（是或否，这个或那个，这里或那里，非此即彼）。这就意味着，它很容易在宏观图景上失去焦点。宏观图景就是当我们放大注意力、扩展意识范围时，我们能很快看到的各种可能性和更长远的选择。视觉导向的大脑皮层发展历史最短，它需要经过发展才能更好地工作。否则，我们仍会被旧有的意识习惯束缚，比如，那些首先表现在情绪和习惯上，然后迷失在细节中的意识。

教练问题设计出来就是为了增强意愿的力量，把注意力和意愿联系起来。当人们带着目的性、和谐性、灵活性去学着利用更大的整合思维系统时，他们就能养成新的习惯。

## 超意识思维：你的整合系统

那么，超意识，即统领我们意识的庞大系统，它的本质是什么？

正如我们讨论过的，意识的潜望镜经常会聚焦在细节上。这个细节或许只能涵盖整个意识系统极小的一部分。有人曾打过一个比方，意识涵盖的范围不过是1万公里中的1厘米。在某个特定时间点，这个焦点之外的任何事物都是超意识的。我们随时都能开发利用这个巨大的意识系统。

超意识十分庞大，潜在内心世界发现的每个领域均被其覆盖，既包括你身体最微小的感知、脑海中最细微的记忆，也包括你的探索潜能计划中最小或最大的期待。它涵盖了每一件你能注意到的事，只要你愿意去关注！

运作在超意识这个宽广的不可思议的领域中的东西，通常有很多被排除在意识之外。但如果你愿意，就可以选择去探索它们。由于日常生活节奏很快，你的意识被固定在面前最紧急、最重要的事情上面，因此，你只能注意到愿景/价值系统中极小的一部分。当你被要求放开自己，在轻松的状态下关注更广阔的问题时，你很快就会学会探索习惯范围之外的重要领域。换句话说，当你允许自己放松下来，把注意力转移到更广阔的范围时，你就可以很自然、很容易地进入超意识中更宽广的领域。我们可以关注森林中眼前的树，也可以把注意力转移到更广阔的远景，看到整个森林。

## 深层认知系统的性质

超意识的任务就是不断探索、寻找机遇、发现可能。超意识系统主要由一个强有力的、内在的愿景/价值焦点组成，它把你和你对意义深远的选择的意识联系起来。这意味着，深层认知是强大的驱动力。它推动着你去追寻对你来说最重要的东西，鼓励你去探索最好的未来，引导着你对梦想的追逐。

意识通常是由过去的结论组织起来的。超意识能描绘未来的蓝图，因为它能展示未来的可能性，而不仅仅是已经存在的、过去的结论和信念。这就意味着，超意识的全脑系统是一个强大的联盟，将为你创造新生活和进行新发展提供动力。

在超意识中，生活的某些领域是散乱放置的，就像壁橱中待规整的物品一样。这些驱动你的大脑但很少被探索的区域，可能包含你的身份认同系统（我到底是谁？我到底能为地球奉献什么？），也可能包含大量文化概念和语言系统。每次当你提出问题、想象不同的选择、设想对某个计划的积极解决方法时，你都运用了超意识和它内在的"放电影"能力。这个系统的精彩之处在于，它会用复杂的视觉化图像来回答问题。在其他情况下，狭窄的有意识的焦点不会这么容易被同化。当思维系统中的这一部分被激活时，它就会开始创造性地进行视觉化想象，让你看到不同情境下的多种选项。当看到这些可能性并比较这些选项后，你就能规划一个高效的行动计划，从而实现目标。

超意识喜欢能让你马上纵观全局的视觉形象和全景地图。这就意味着，你可以立即采取有效行动，用"定向未来，系统把握"（future-and-system-oriented）的方式制订长期愿景。当你懂得如何用这种方法帮助他人时，你提供有效教练的能力就增加了一倍。首先，你可以帮助他人明确自己的目标，弄清这和他们自己的核心价值是怎么联系的。其次，你还可以帮助他们看到详细的行动路线图，找出采取有效行动的最佳选项。

## 超越小妖的思考

对大多数人来说，日常意识主要是由过去的结论组织起来的，很容易使人们倾向于作出负面判断。这也会影响到语言结构，形成一个常见的趋势，即将意识聚焦于我们并不想要的东西。结果是，消极因素占用了我们绝大部分的注意力。这种由于害怕得出的结论，我们戏称其为"小妖"。这种结论给我们带来了很多困难，因为所有的事都是先发生在脑子里，然后再发生在现实中。

经过消极的内在对话、想象和情绪，"小妖"习惯已经耗尽了我们日常所需的注意力和精力。但是，通过把深层认知系统的能量与积极的视觉化思维相连，你可以改变小妖习惯。多数人发现，一位技能娴熟、知识丰富的对话伙伴有助于自己改变小妖习惯。我们会在第六章详细讨论与小妖相关的内容。

在这里，我们会简单介绍一下。请注意几个与你的超意识有关的关键点。首先，超意识不会识别负面的东西。"没有""不会""不是"等否定词后面的都是你看到的东西，也是你引入生活的东西。例如，注意"不要踩进烂泥里"或"不要洒了牛奶"等短语。当然，这些短语勾勒出了烂泥和牛奶洒掉的图景。然后，你会不由自主地想象你踩进烂泥里或洒了牛奶的情景！同样的事情也会发生在听你说话的人身上。请想一想，"不洒出牛奶"这幅图究竟应该是什么样的。这幅图不可能被创造出来，除非你用正面词汇"拿稳杯子"或"小心地走到桌子旁边"。试着把"我不想摔倒""我不想害怕""我不想再这么迷糊"视觉化。你想象出了什么东西？如果你重复这些想法、这些内心的咒语，然后一遍又一遍地感受（就像很多人做的一样），你就更可能摔倒、害怕、犯迷糊。这是因为超意识不能识别否定词。你必须小心选择你的语言，因为人们会自然而然地把语言视觉化，然后看到那幅图景。

由于人的能量会随着注意力转移，人们心中所想所感会变为事实。不管你关注的是什么，它都会变得更加生动。你现在脑中的想法和心中的感受，正是你生活中即将出现的。当你不想让某事发生时，你实际上正在让自己走向想要的结果的对立面。因此，帮助人们谨慎地选择目标，让他们聚焦于自己想要的东西，这一点十分重要。

超意识是天生的保护者，它对紧急事件、关乎生存的事情有强烈的反应。紧迫感会伴随内在或外在的紧急呼声产生。聚焦于"不想要的东西"的内在对话会阻碍人们前进，并产生消极的感受。当人们想到"我不想要""我不能""我不会"这些词时，他们就会紧张起来，产生不好的感觉，或在脑海中闪过消极的图像。这些图像阻止了他们选择更多的积极图像。这种紧张感让人们回想到消极言论或负面感觉，从而形成恶性循环。

负面的思维习惯可以轻易掌控大脑系统。人们可能已经通过家庭、学校或文化学会了如何以特定方式作出决定。例如，有些人通过回顾从前的口头结论，或者对从前无效的身体感受作出反应，从而作出决定。（"那是种可怕的感觉！我不想再有这样的感觉了，所以我最好还是不要么做了。"）另外一些人则通过从前事件的图像和自己从前的结论，迅速把决定送往情绪脑。他们过去犯了错误，认为未来可能会犯同样的错误。他们围绕这个结论构建了一种模式。这种模式阻止了他们向愿景前进的脚步，因为他们把注意力放在了不想要的东西上面。

当负面思维习惯掌控大脑系统时，绝望就会驱使你的生活。被绝望驱使，就像一个人在内心进行"痛苦"与"欢乐"的网球对决。

相反，被正面思维驱使的人，则像一只目标明确、训练有素的小鸟。无论内心多么波动起伏，它都会根据内心的愿景，带着坚定的决心，踏上迁徙之旅。不管风雨兼程，它都会在意愿和专注力的指引下循路前进。

## 开放式问题：连接超意识

有效的激励谈话和成果导向的教练，能帮助人们迅速摆脱旧有的习惯系统，甚至是超越旧有习惯模式，朝获得超意识的整合能力前进。每当你向自己或他人提出会激活思维视觉化能力的问题（比如，

"在你的想象中，最好、最有效的行动步骤是什么样的？"），你就能创造出一些视觉化选项，超意识也会启动积极的"放电影"能力。你会设想出不同情境下的多种反应。你会变得强大有力，能制订一个伟大的计划，采取有效的行动步骤。

开放式的教练问题与真诚的探索之心相结合，能为你打开一扇新的内心之窗。你将学会关注自己内心和外界发生的事情。

大部分人习惯同时关注四个左右的焦点。还记得大拇指练习吗？你可以通过拓展大拇指练习，学会扫描所有的注意力区域。很多教练问题设计出来就是为了拓展我们的关注焦点。通过这样的练习，你会渐渐灵活运用整合生命发展系统，体会到与自己的价值观协调一致的、有意识的生活的乐趣。你还能更好地运用自己本来就拥有的内心规划工具。

尽管深层意识每时每刻都能看到符合价值判断的愿景，但它有时候会陷入混乱。因此，你需要增强自己的判断能力，认清什么对你是最重要的。你需要对涉及超意识的智慧充满好奇心。通过自己的探索，你会发现，就像生活中和各种各样的人沟通联系一样，你也可以用同样的方式对自己的内心提问，与自己的内在沟通。通过练习，你将学会发掘深层自我，发现关于内心的隐藏知识。

通过培养灵活的大脑系统，你可以绕过情绪脑的自我保护习惯——我们将此戏称为"铁石心肠"（hardening of the categories）。情绪钙化（calcified categories）可不是开玩笑的！我们发展情绪安全系统是为了保护自己的安全。它有一个焦点，即把注意力收缩到对私人生活的关注上。这极大地损害了我们的潜能。我们应该停下来想一想，过去不等于未来。我们要提醒自己，注意观察世界上的新鲜事物。这两点都很重要，这会让你以全新的视角设定下一步的前进方向。

当你用自己的方式整合这本书的思想时，你会发现，有很多方法能充分发挥你内在相连的大脑——思维系统的能力。你会像海伦·凯勒一样，跟随指引灵魂的明灯，倾听和信任内心真实的愿景，突破原有系统的限制，发现一个崭新的世界。

总而言之，如果你想加入转化式对话教练的行列，想唤醒人们的天分，激发他们最大的潜能，你就必须非常确定以下几点：

（1）把所有的负面语言转化为正面语言。比如："如果你不想____，你想要什么？"

（2）帮助人们充分发挥其视觉化能力，关注他们想创造的东西。

（3）用温暖轻松的语调帮助人们敞开内心，让他们不再封闭自己，不再狭隘地作出习惯性的反应，而是去探索自身的可能性。

## 练习：与深层认知系统一起来个头脑风暴

大多数人都没有意识到，他们可以直接向自己的意识和超意识提出具体的问题，并得到非常不同但很有用的回答。如果你只向意识提出问题，就限制了自己能接触的世界。要超越"小妖"思维，我们首先要熟悉如何访问自己的超意识。通过开放式的问题、创造性的头脑风暴、系统的视觉化练习、幽默的态度、温和的提问语调，这些有效的教练技能会为你铺平探索超意识的道路。

下面这个练习能帮助人们通过学会关注内心的声音和语调，关注自己头脑中的图景，关注与自己深层意识交流时的感觉，意识到自己的超意识。

这个练习的目的是与超意识建立连续而流畅的连接。为了做到这一点，你可以从自己非常看重的一个领域开始。你提出的探索问题应该是开放性的。你需要把探索的问题内在化，以便获得对超意识最大、最全面的系统认识。

在这个练习中，你将接触到两种完全不同的倾听内心的方式，由一个总体掌控者或综合观察者将两者结合起来。你可以通过三把椅子来确定不同的意识位置。

## 三把椅子的头脑风暴

通过这个练习，你可以向自己或他人介绍超意识和深层认知系统。这对所有人都适用。这个练习最好由两个人完成，一个人是探索者，另一个人是教练。如果有录音设备，这个练习也可以由一个人完成。

把三把椅子放好，供探索者使用。按照剧院式的位置摆放，也就是两把椅子并排放在后面，一把椅子放在前面，形成"V"形结构。所有椅子都面朝同一方向,如图3-1。

图3-1 三把椅子的头脑风暴

后排椅子中的一把代表意识,我们称之为"组织者",它创造你的"工作计划"。后排的另一把椅子代表超意识,它是你的深层自我。对有些人来说,这部分是未知世界。超意识通常表现为你听到的微弱的内心之声,或者脑中一闪而过的画面,这层意识对实现你的目标起着关键作用。

前排的椅子代表"整合与观察点",它超越了意识和超意识。这把椅子代表你从"教练的位置"把握整体的能力。在这个位置,你可以看到两个系统的想法或经验,将来自两种意识的思想和天赋整合起来。

这是一个强大的练习,能让你提出和回答问题,它将开发你同时关注两个意识系统的能力。这个练习的目的是倾听你内心的智慧。正如这三把椅子的结构一样,通过这种方式,你会增强并拓宽开放式的注意力,这是作为一名探索者的核心能力。

## 探索者与教练的内心头脑风暴

跟随下面这个强大头脑风暴的步骤。第一步,在教练的帮助下,探索者要提出一个关于自己目标的开放式问题。比如,一个人会问:"要实现我的目标……最有效的途径有哪些?"或者"要取得……的成就,对我来说最重要的是什么?"或者"要开始做……我可以用哪些好方法?"。本章最后一节提供了更多参考问题。关键在于,选择的问题要能在最大程度上帮助探索者获得自己所需的东西。

用休闲聊天的语调和节奏进行对话。探索者在后排两把椅子里选择一把,作为意识角度。教练向探索者提出预先选择好的开放式问题。探索者坐在后排的每一把椅子上时,教练都要重复这个问题。探索者根据所坐椅子的角度,仔细聆听内心的不同答案,教练则把探索者说出的答案记录下来。完成这个步骤后,探索者从代表意识的椅子换到代表超意识的椅子,再换到代表整合的椅子上。探索者坐在每一把椅子上时,教练先提出问题,探索者再向自己的内心探寻答案。教练要关注并记录所有的答案。

探索者向自己提出问题,在后排每把椅子上探索内心的反应,直到不再有新的想法出现。当探索者到达代表整合的椅子上时,他只需倾听教练重复自己之前的回答。代表整合的椅子是为了重放内心的反应。注意,在另外两把椅子上得到的答案是不同的。

## 三把椅子练习步骤快览

探索者坐在代表意识的椅子上,聆听问题,认真思考,然后把自己内心出现的任何答案说出来。教练在这个环节是记录员,将探索者的回答逐个记录下来。

在探索者完成意识椅的探索后,教练请他坐到代表深层认知系统,也就是超意识的椅子上。教练用一种柔和缓慢的语调重复刚才的开放式问题,深化这把椅子所代表的探索过程。

在这个过程中,当探索者停下来的时候,教练就要更轻柔地重复一遍问题。建立框架是很重要的,教练也可以加入一些提示,例如"慢慢来,放松一点,你可以换个舒服的姿势,倾听和访问你内心的智慧"。教练还应该用更温和、更缓慢的语调说话,用自己的动作(更放松,双手张开,眼部放松,等等)引导探索者。探索者倾听并关注内心的回应,将出现的所有词语、图片、影像或感受描述出来。教练认真记录回答。

探索者坐上前排的第三把椅子,也就是教练位置或代表整合的椅子。教练对照自己的记录,说出探索者此前在每个位置的回答。例如,他可以这么说:"你的意识说……(列出回答),你的深层认知说……(列出回答)。"

教练和探索者就这次探索中的发现进行对话。注意两张表上的答案的有效性和价值,注意观察意识和超意识两种状态下的回答是否相辅相成并融为一体,它们是怎样做到这一点的。教练可以继续帮助探索者,让他学习欣赏意识—超意识系统。教练可以用这样的句子:

"注意观察两者是如何相辅相成的。有时候，感知它们是很有用的，它们就像你肩后的礼物。注意观察两者是否连接在一起了。你可以用双手合十表示两者的整合。"

在完成这个练习后，教练询问探索者练习中的各种回答代表什么。有些回答或许是象征性的，探索者可能希望向内探索，得到更清晰的理解。提醒探索者，如果他们以亲切赞赏的态度去询问内心，就可能得到解释。花一点时间描述和欣赏这些回答，思考它们对生活其他领域的意义。

**内心头脑风暴示例问题**

这些示例问题可以帮助你设计适当的问题，为你提供一些教练的良好思路。问题必须是开放式的、开拓性的，需要有一个特定的学习或探索目的。例如：

- 在\_\_\_\_方面，对我来说什么是重要的？
- 在\_\_\_\_方面，对我来说什么样的学习方式是最重要的？
- 我需要在\_\_\_\_方面进一步拓展能力。
- 我需要扩充关于\_\_\_\_的内在知识。
- 我需要在\_\_\_\_（比如，×领域）提升领导者技能。
- 探索特定的发展领域（或者设定目标X、Y、Z）。
- 帮助开创一个特定的创造性领域（领域A、B、C）。
- 我想发现继续做\_\_\_\_的关键方法。

或者另外一些问题：

- 有哪些强大的选项能让我开始做_____？
- 在_____领域，我可以怎样有效提升自己的（创造力、能力、选择……）？
- 要提升我的_____技能，有哪些关键的方法？
- 为了做到_____，我需要成为谁？

# Inner Dynamics |第四章|
## 人生计划的四个阶段

> 科学是有条理的知识,智慧是有条理的生活。
> ——伊曼努尔·康德(Immanuel Kant)

> 思想的运转就像战争中骑兵冲锋一样:
> 骑兵的数量受到严格限制,
> 他们必须配备精神饱满的战马,
> 而且只在关键时刻冲上前去。
> ——阿尔弗雷德·诺斯·怀海德
> (Alfred North Whitehead)

第四章　人生计划的四个阶段

## 横加公路<sup>①</sup>上的突破点

20世纪70年代末，我进行了一次有趣的冒险。我开着一辆皮卡，拖着一辆小房车，从纽约出发，横穿加拿大前往温哥华。对我来说，这是一次不同寻常的旅行，因为此前我只开小轿车做过短途旅行。我决心要进行一次有趣又安全的旅行，但离开多伦多7个小时后，我发现自己独自行驶在横加公路上。天色渐渐变暗，我的卡车也渐渐慢了下来。当我开始觉得害怕的时候，我发现了一个服务区（停车场里停着很多大卡车）。我开了进去，在引擎熄火前找到了一个停车位。服务区很黑，所以我爬到房车里睡觉去了。

第二天早晨我醒来后，发现小皮卡的电池一点电都没有了。一位留着灰白胡子的魁梧的双斗卡车司机从一辆巨大的双斗车里走了出来。他揭开我车子的发动机罩，检查了一番，然后摇摇头，告诉我发电机报废了。

我叹了口气。那是个星期天早晨，我身处安大略省北部。这就

---

① 横加公路，是一条横贯加拿大的公路，"加拿大横贯公路"的简称。——译者注

意味着，24小时里这个与世隔绝的服务区都不会出现机械修理工。

那个卡车司机说："我告诉你，沿着这条路走200公里就是我家了，我在那儿开了一家废旧汽车回收站。我可以帮你找一个能用的发电机，换掉你的坏发电机。这是你最好的选择了！我会帮你发动车子，你只要一直跟在我后面就行。然后我会帮你换个发电机，你就能继续旅行了。"

多棒的帮忙啊！不一会儿，那个卡车司机用一个跳跃式启动发动了我的引擎，我们一起沿公路前进。

几个小时后，我看见一个年轻的德国搭车客。他穿着绿色的皮短裤，戴着一顶皮帽子，手里举着一个大牌子，上面写着"大学生搭便车到温哥华，请帮帮我"。他看上去很和善，也很开心。我停下车，很好奇地问他到底是不是德国人。交谈了三四句后我确信了。他告诉我，他已经在这里站了两个小时了。

我示意他从皮卡的另一侧上车，并伸手去开另一侧的门。我的脚从油门上滑了下来，引擎熄火了。突然之间，我们两人都被困在了这里。与此同时，我看见那位卡车司机巨大的车影消失在前面的小山里。

我和搭车客相互认识了一下，然后聊了聊在这个荒郊野外得到帮助的希望是多么渺茫。在采取任何行动之前，我决定先到房车里喝杯咖啡。我倒咖啡的时候，听到了汽车喇叭的响声，看到那位卡车司机从小山里掉头回来救我们了。他边摁喇叭边挥手，伴随着从山上下来的尖锐刹车声。

他紧急刹车，车子横在路上停在我面前时，路基塌了下去。大卡车的后半部分突然滑下了路沿，陷进了沟里。现在，我们三人都被困在高速公路上了。

设想一下，当时还不是手机普及的时代。卡车司机查看了车子的损坏程度，然后摇了摇头。大卡车几乎要侧翻了。我泡了第三杯咖啡，准备了一些三明治。我们谁都没说话。

突然，"营救队"出人意料地出现了。他们每个人都是开了很长一段路的卡车司机。直到看到沟里的卡车时，他们才意识到自己成了营救队。每辆车都自觉地停了下来。不到10分钟，就有6辆大卡车停在了高速公路上，4辆在路的一边，两辆在另一边。他们都遵守卡车司机"一方有难，八方支援"的基本原则。7辆大卡车，加上我的车，看上去就像一个小镇。除了一条车道外，高速公路上其他的车道都被堵住了。

每个人都开始行动，组成了一个完美的团队。看到一群人自发地形成一个团队，是一件很美妙的事。人们一起找出问题，一起动手解决。我们检查了损伤程度，进行了讨论，找出了可能的处理办法。其中一个人领头，分配了工作。每个人都在急匆匆地寻找链子和其他工具。

我看到，这绝对不是一次简单的行动。卡车司机们跑来跑去，拉出各种长度的链子，又是量长度又是讨论。他们聚成一堆，围着一幅画着绳子和滑轮的图进行讨论，然后把图扔掉，重画了一幅。

与此同时，那个搭车客也在努力干活。他站在公路中间，指挥左右方向的车辆通过那条单行道。他先示意从左边来的一队车通过，然后拦住左边的车，示意从右边来的车通过。皮帽子和绿色皮短裤让他看上去绝对不像一名交通警察，但来往车辆都接受了他的指挥。

我在房车和卡车之间来回奔跑，为人们泡咖啡。我还做了一些三明治，但他们都太忙了，没有时间吃。

他们全神贯注地工作了一个半小时，把卡车排成行，准备最后的行动。领头人一声令下，紧密配合的三辆大卡车开始一起拉，终于安全地把双斗车从沟中拉了出来。大家欢呼雀跃。任务完成后，他们拍了拍对方的后背，然后跳上自己的卡车，轰隆隆地开走了。

我、卡车司机和搭车客三个人留在原地。卡车司机对这次顺利的营救感到很高兴。他立即把我的车重新发动起来。一小时后，在他的废旧汽车回收站里，他给我装了一个新发电机。一个半小时后，我的卡车用上了全新的发电机继续踏上了旅途。

通过这次经历，我认识到，每个人在内心都是一位英雄，他们只是在等待一个机会来展示英雄精神。当目标明确的时候，大家会欣然组成团队并全身心投入。当我们遇到困难时，一个帮助团队就诞生了。此外，人们会尽力去做，全心奉献，兴高采烈地贡献自己的英雄精神。这正是人类的本性——当有人需要时，我们会伸出援手，脚踏实地地全力奉献，以期完成工作。人类的大"H"（具体见第一章）就这样开始运转。

想象一下你生活中有一两位英雄出现的时刻。我们讲的故事里充斥着这样的时刻！这些故事不仅仅关于某个特殊的人，而是与我们所有人有关。我们都体验过团队协作，我们都在团队之中！我们就是英雄，就是奉献者，就是生活这场大游戏的成员。

## 意愿的四个发展阶段

高速公路上实施营救的司机团队参与了一个计划。我们的生活充满了长期或短期计划。把你生活中的每件事都当作一个计划。作为一个人，你的工作就是做一位成功的计划策划者和管理者，成为我们周围其他计划团队的成员。你要负责许多大计划，比如过日子。有人认为，人生不过是生和死之间的一瞬而已。你也要负责像做饭、买杂货、写歌、玩游戏、给孩子读故事或洗澡这样的小计划。

作为一个完整的人，一个有目标、与周围人相联系、寻求深层意义的人，当我们参与一个计划时，我们最容易发展自己的潜能。我们通过做事来学习。在参与计划的过程中，我们自然而然想经历更多、学习更多、获得更多、做得更多、拥有更多。计划让我们全身心投入一个特殊领域，在每个步骤中努力获得最丰富的发展。

花一点时间想一下，你生活中有没有什么事曾经只是一个目标、一个梦想、一个渴望，但最终被你实现了。现在，写下你把它转化成现实的每个步骤。你可能无意中经历了这些步骤，但有某件事激励你把选择转化成现实。这些步骤是什么？你是否投入了很多情绪能量？在你有梦想之后，你有没有设定实现梦想的时间？你是否创造了一个实际的计划？你还采取了什么步骤？

你可能会注意到，在深受激励的时刻，你的内心闪耀着光芒。那是一个发现真理的时刻，你果断决定去追寻你的目标。然后，你就出发了！在这个时刻，你宣布了自己的梦想，坚定地把握梦想，跟随自己的意愿去做需要做的事。最初的想法可能像山间一条新辟的小路，是规划工程师眼中的一个梦想，但它最终会变成畅通的高速公路。

实现任何一个梦想都需要四个步骤。要实现你的意愿，你需要有：

(1) 一个坚定的计划。

(2) 在一定时间框架里实现计划的可行步骤。

(3) 使用的实体（可能是从这个计划中直接获益的利益相关者）。

(4) 这么做的意义（一群人可以从这些行动和结果中获得快乐和价值）。

人类共同的创造性天赋创造出的文化产物，已经成了我们日常生活中必备的工具。比如，你可以想想一把勺子。在历史中的某个时刻、某个地点，某个人想到了一个创意。他根据意愿的四个步骤，为我们创造出了如今被广泛使用的勺子。

另一个例子是做汤。我常常意识不到我在做汤过程中经历的所有小步骤，但这其中肯定是有步骤的。首先，我想象自己在享受一碗滚烫的汤，里面加满了我喜欢的各种食材，我因此深受激励。然后，我设想了准备步骤，以及如何完成每个步骤。我计算了每种食材需要的量。每往锅里加一种东西，我都会问自己："谁会喝我做的汤？他们最喜欢什么？"最后，我想到了与家人分享这锅汤时的欢乐。这四个关键步骤总是伴随着创造的意愿，自然引向下一个规划阶段。

一旦你设定了一个意愿，并创造了行动的环境，你就会探索你的愿景，宣布你接下来的步骤，为主要的利益相关者重新完善价值。什么是利益相关者？你的利益相关者可能包括你的内心需要、愿望、欲求，还有你周围的人——家人、朋友、同事、客户、邻居、社区成员等。例如，你可能会问，如果我实现了我的目标和意愿……

- 谁会受到影响？这对我们所有人来说意味着什么？
- 为什么实现这个意愿很重要？还有什么其他的原因？
- 怎样实现这个愿景？
- 哪些行动是最重要的？
- 要在何时、何地采取这些行动？

提出这些问题，会让你明白此时此地你内心深处的愿望，激励你把意愿进一步扩展。当你聚焦于实现饱含热情的目标、朝着愿景努力的时候，你生命的价值就实现了。

## 计划和成就的四个阶段

意愿的四个发展步骤是构造和识别一个计划价值的方式。这些步骤自然指向计划的四个阶段。关于计划和成就的四个阶段，一个形象的比喻是方形的棒球场。想要打出一个全垒打，运动员必须跑满四垒，或称为四个阶段。

计划和成就的第一个阶段是激励,如图4-1所示。你深受激励,决定朝你想要的方向努力,下定决心要大干一场。这是第一垒。

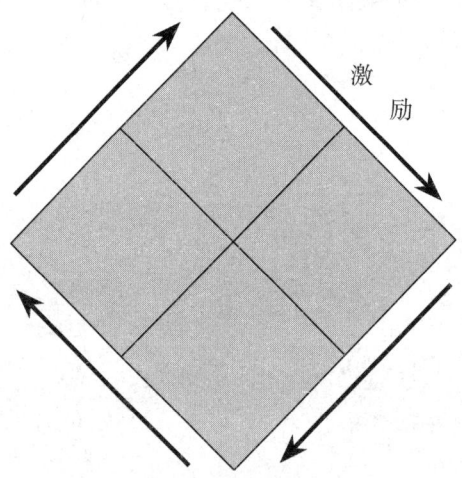

图4-1　计划和成就的第一阶段

你继续探索如何才能得到你要的结果,制订行动计划。这是你计划的实施阶段,即第二垒,如图4-2所示。

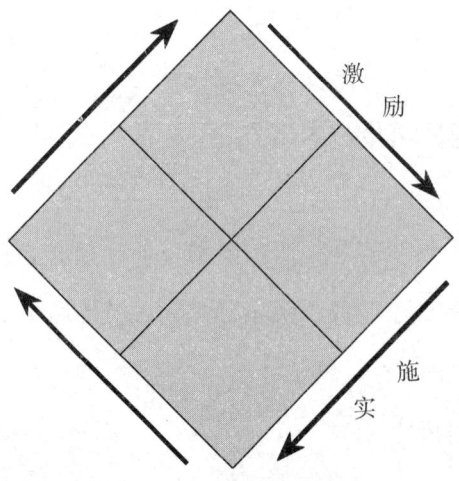

图4-2　计划和成就的第二阶段

第三步是采取进一步的行动。你从实施阶段中学到东西,通过发展和充实它来获得你想要的结果,使这段旅程对你和他人来说更有意义。这个阶段叫作价值整合,这是第三垒,如图4-3所示。

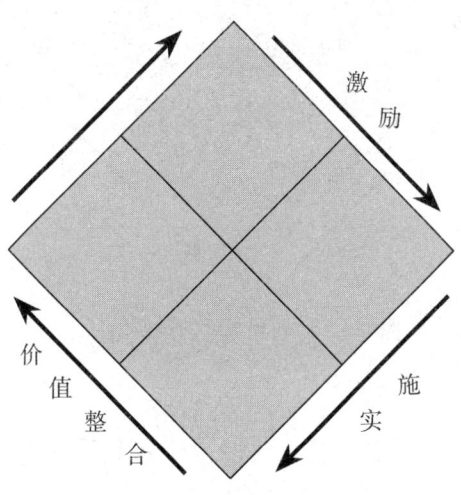

图4-3 计划和成就的第三阶段

你创造了全垒打。你完成了自己的计划,对已经完成的和在过程中学到的东西十分满意。想一想,完成任务后,你就进入了真实意义和转化式意识(transformational awareness)的领域。完成和满足(如果可能的话,还包括奉献)把你带回了起点,如图4-4所示。

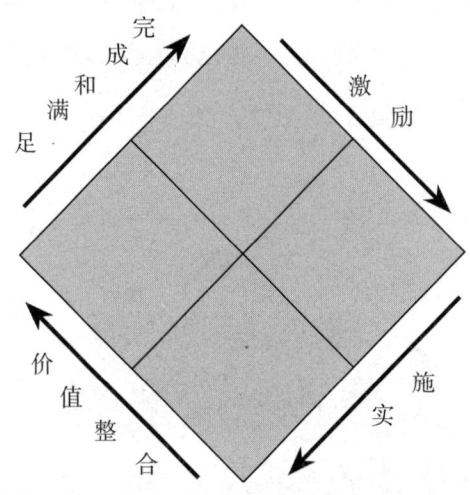

图4-4 计划和成就的第四阶段

就像棒球中的全垒打一样,这四个步骤会帮助你完成目标。这四个阶段和转化式对话有什么关系呢?唤醒人们内心的天赋,就是通过引导他们的意愿,让他们更有效地运用注意力,帮助他们规划人生。

当一个人在完善他的意愿时,高效的教练要全身心专注于此。教练总是要关注意愿和注意力这两个东西,将目标视觉化,关注实现目标过程的经历。通过与对方进行充满力量的对话,教练能帮他跨越现实与理想之间的鸿沟。

想象一下,人们的意识就像棒球运动员,充满激情地在垒和垒之间奔跑。他追随着自己的意愿,朝着最终的目标前进,同时一直在关注这片场地上每时每刻发生了什么。随着跑出的每一步,运动员会越来越专注。他会因为行动的强度变得更加专注。

人的超意识就像棒球场的中心点。它处在投手的位置,拥有360度的意识范围。如果你要过丰富的生活，它将是你必需的内在领导力。当你需要的时候，它会驱动运动员朝着目标前进，使他坚持目标。

无论计划要求你从哪一垒跑出，你的内在智慧都有一种模式。它就像身体里的一个磁极，总是在发展过程中吸引你、鼓励你。你一直在成长。

通过关注当下来追随你的意愿，你就能塑造和重塑内在生命，使它更接近自己的目标。这样，你的生活价值就会变得更加清晰。你可以把注意力放在意愿上，让它轻松自然地引领你前进。你可以带着惊奇和讶异转回头去，看看你把自己塑造成了什么样子。就像运动员跑垒一样，让内在目标引导你，你就是自己创造力生活的中心。

将意愿和注意力结合的方式，决定了你能在生活中创造出什么。想一想，当你的注意力是集中的、清晰的、多面的、美丽的时候，你把意愿和注意力强有力地结合到了一起。这个结合就是不同之处，它会让你从此不同。

## 规划自己的前进方向

所有美满的人生计划（life project）都是以上述四个阶段开始和结尾的。无论它们是大计划（那些需要花一辈子去构建、发展、完成的计划）还是小计划（那些突然闯进脑海，只能维持很短时间的计划和行动）。如果这个计划可行并让人满意，你的目标就会经历以上几个步骤：发展、显现、变成现实。不管你的计划是什么，比如，获得并维持恋情、学会使用一种新工具，或是与绘画和音乐进行心灵的沟通，你生活的意义都会得到发展和显现。

让我们回到棒球场这个比喻上来，回忆一下那四个步骤。花一点时间想一想你今年特别想实现的一个目标，想象你站在本垒的位置上。我猜你就愿意站在本垒，然后一开始就打个全垒打。我们都希望自己的计划像全垒打一样，获得一个让人满意的结果。正是因为如此，成果导向的教练在对话刚开始的时候就会要求客户想象一个最好的结果。现在就扪心自问："我想要的成果确切地说是什么？我怎么知道我为目标打出了一个全垒打？今年年末我会看到什么，以此来证明我成功地做到了？我会有什么样的感觉？我会听到什么？"

当你展望宏观结果的时候，很重要的一点是，你也要开始展望微观结果，展望循序渐进指引你来到每一垒的细节。这样，你就可以更有力、更巧妙地实施计划。"巧妙"意味着通往成功的最清晰的策略。你想以最快的速度学习、发展，向选定的目标前进，用最优异的表现完成本垒打。你想尝到胜利的果实，庆祝你如何让生命这场游戏向前发展。

所有的这四个阶段都要求最初有一个清晰的设想，以便引领你达到最终目标。从一开始就理解什么是全垒打，有助于你每次击球和跑垒都有所收获。对每次击球做出评估，能为你提供重要的反馈，让你在偏离目标时能重新部署。当你再次准备好击球时，你就可以带着全新的能量挥棒和跑垒。下面，我们将分别详细介绍这四个阶段。

## 第一阶段：激励

所有成功美满的计划都始于激励。在你清楚自己想要什么，也知道实现愿望的价值后，你就会深受激励。要想获得真正的激励，并在整个计划中保持这种激励，你就要认识到自己目标中的深层意义，并把这种清晰的认识带进你的选择。比如，一位处于激励阶段的制陶工人可能设想出了一套新颖别致的茶壶设计方法；一位作家会有强烈的愿望和很棒的创意去写一本书。清晰的认识源于真实有力的意愿，它能深化对你的激励。

在这个阶段，构想出自己的愿景，明确自己想要什么，弄清采取行动的重要性。带着这份清晰的愿景，你自然而然会进入下一阶段。当理由足够充分时，行动就变得简单了。

激励阶段是一段内在的旅程，你的脑海中充满了这样的问题："我到底想要什么？那是什么样子的？如果我真的实现了它，我会看到什么、听到什么、感觉到什么？为什么它对我很重要？"

## 第二阶段：实施

激励为你的头脑和心灵赋予了力量，指明了方向。做出追逐梦想的决定后，你可能会问："我怎样才能做到呢？"计划就进入了执行阶段。在这个阶段里，通往成功的道路开始成形，你允许自己全身心投入，实施计划，不管这会让你离舒适区多远，不管你会遇到多少恐惧。

在这个阶段，你开始设想和测试特定行动的每个细小步骤，探索实现目标的过程。制陶工人收集黏土，备齐需要的工具，开始把黏土抹在轮盘上，试试他的想法能不能成功。作家取出一张白纸，开始构思大纲，拟定主要章节。

实施阶段的几个典型的问题是："我怎样达成目标？我有多少种不同的方法来达成目标？我需要采取什么行动？我怎样执行？我需要什么资源？在关键的领域，我是否需要备用方案或应急方案，以便确保所有的步骤都获得成功？"

如果这个愿景不够完整，或是你没有得到充分的激励，你就可能需要回到鼓励阶段，重新思考，重新创造想法。有时候，需要你花一段时间反复思考，把你的创意和执行步骤结合起来，否则这个想法就可能完全消失。

执行阶段需要技能、资源、策略和决心，有时还需要勇气。在这个阶段的开始，你需要寻找所有这些特征。当你决定朝目标前进的时候，你就会愿意学习你需要知道的东西，去做你需要做的事，去寻找实现计划所需的东西。

## 第三阶段：价值整合

随着实施阶段继续发展，计划就进入了价值整合阶段。在这个阶段，你的承诺将接受考验。克服了面前的各种挑战后，你对计划的信心和承诺会更加坚定。在你的承诺更加坚定后，不管面对多少困难，你都能更好地执行此计划，让它变得更有意义。制陶工人通过试验，发现了一些提升新茶壶强度和性能的方法。作家找到了最好的构思，也可能放弃了原来让他思维不畅的构思。

你的计划可能会发生变化，以适应新的环境。你从经验中获得了新知识，这些知识使你能抓住学习机会，从而进入下一阶段。

某些情况下，你或许会发现，执行计划所耗费的时间、资源、精力和努力远远超出预期。某些情况下，你的承诺会经受考验。你也许会问："这个计划真的值得吗？"这就是你学习和增加经验的绝好时机。你的问题将围绕着以下话题："它的价值在哪里？为什么它和我想象的不一样？新的东西是什么？增加的东西是什么？我现在走的方向是我想走的吗？我怎样才能走得更远？"

通过回答这些问题，评估得到的反馈并进一步学习，你就拥有了一个机会，可以把计划推进到下一阶段，让它变得更有意义，让你觉得更满意、更愉快。这是一个机会，让你的计划为世界提供你不曾想象到的价值。

## 第四阶段：完成和满足

当计划接近尾声的时候，完成和满足（以及奉献）成了最主要的关注点。在完成阶段，你完成了自己拉开帷幕的事情，宣布自己暂时或永久性地完成了最初设立的目标。制陶工人把茶壶放到市场上出售，从顾客那里得到反馈，开始考虑更符合顾客需要的新颖设计。作家写完并出版了小说，并以从写第一本书中学到的东西为基础，开始下一本书的创作。你则回到了本垒，实现自己的愿景并与之结合。

当你高效地完成了一个目标时，你会有成就感和满足感，会觉得很快乐，自信心大增。事实上，直到宣布一件事情完成之后，你才能迈出去，才有机会回顾整个旅程，看清每个阶段、每个选择、每次觉醒，享受自己学到的东西和获得的成就感。

满足、自我认知、学习和奉献，都是这个阶段的标志。在你学到了关于自己的知识，并为他人的学习做出贡献后，你就能创造真正的价值了。即使计划不是按照最初的设想完成的，完成它仍需要你深层认知系统的智慧，需要它展示你需要学习的东西。对这次学习的认知和理解为你提供了成长的机会。在实现本垒打的过程中，依次触碰四个垒的体验证明了这是一次有用的经历。当你把"完成"一词重新定义为"学到一些有价值的东西"时，你就会轻轻松松地让自己认可做过的事。

学会了想要学或需要学的东西后，你就会变得充满欢乐，这会激励你再玩一次这个游戏，或许是以一种更宏大、更宽广的方式再玩一次。你的问题变成了："我可以宣布这个计划完成了吗？我学到了什么？有什么东西是我以前不知道而现在知道的？我怎么知道我得到了最好的结果？我怎么运用这些先进的知识？这个成就还有什么深层意义？这次我成功了，下次我要怎样玩一个更大更好的游戏？"

生活中所有的计划都是从一个阶段向另一个阶段发展的，有时候发展得很快很顺利，有时候会在系统中摇摆不定，有时候会回到激励阶段重新思考、重新获得激励，还有些时候计划会完全终止，整个计划只是一个学习过程。如果你想与自己和他人进行转化式对话,你就需要学会在所有阶段里高效灵活地工作。弄清一个人的关注焦点和最有力量的阶段,你就能创造一个通往真正有效对话的跳板。

如果你或你认识的某个人在某个阶段遇到困难,转化式的教练对话会鼓励你完成当前的阶段,并努力实现比以前成就更多、拥有更多、成为更好的人。埃里克森教练培训的不同之处在于,它帮助教练识别每个计划中的阶段。比如,有些人擅于开启一个计划,但很难实施和完成。有些人是很好的完成者,但觉得开启一个计划很难。有些人一遍又一遍地重复同一个计划,但不知怎样将其深化,怎样让自己的工作变得更有意义。

在对话的参与者理解并概览了从开始到结束的关键步骤后,他们就能一起完成很多计划。你将学会在最薄弱的环节加以自我培训,创建一个内心的回顾板块,将快乐加入计划的每个阶段,并带着力量和快乐去完成它!

## 练习:你的"棒球场"思维运作系统

在这个练习中,你要以当下的一个计划作为基础,体验完成计划的每个阶段。你也可以找一个希望完成的计划,以此作为基础。放松一下,邀请自己的内在认知来到意识最前端。拿出五张纸来,分别写上以下五个词:

- 激励
- 实施
- 价值整合
- 完成
- 教练位置

找一个朋友或用录音机做记录。（如果这两种方式都不适用，你也可以找一个记事板和一张纸。当你站在教练位置时，用纸记下观察到的东西。）

想象在你面前的地板上有一个菱形，这个菱形代表你的计划的整个过程。我们的目标是在探访你的深层认知时，勾勒出整个计划的步骤。把你的纸放在地上，写着"教练位置"的纸在最旁边。这四张纸组成了地板上菱形的四个角，如图4-5所示。

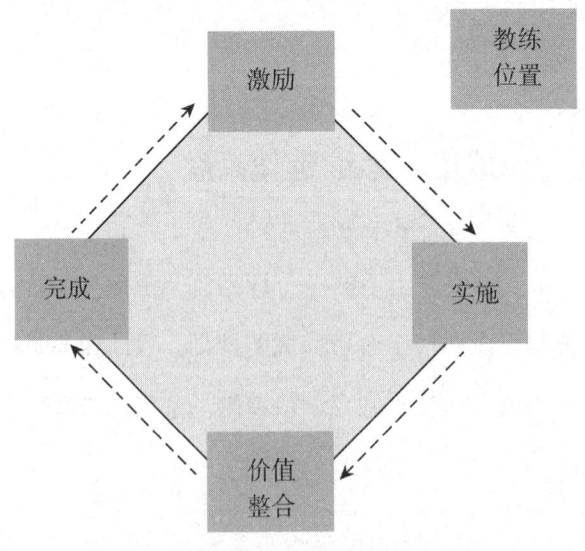

图4-5　棒球场思维练习

## 第四章 人生计划的四个阶段

深呼吸，放松，再做一次深呼吸，然后踏上写着"激励"的那张纸。这是你探索的起点，花一点时间去享受这个阶段。站在这张纸上的时候，思考自己的计划。让大脑放松下来，清空，处于开放的状态，等待来自超意识的深层认知。

- 当你站在这个阶段时，超意识为你带来了什么样的深层认知？
- 关于这个计划，你还想到了什么？
- 你到底想从这个计划中得到或学到什么？
- 当前的激励怎样才能变得更深入、对你更有价值？
- 你的深层思维（deeper mind）还想向你透露什么？

准备好之后，绕着菱形走一步，到达下一个关键点，踏上写着"实施"的那张纸。站在这里时，享受一下这个阶段，感觉在内心的最深处，你的深层思维已经准备好了提供深刻见解。这份事业心和其他很多东西都要求你现在就拟订一个行动计划。注意自己当下的想法，你想做些什么事来让计划变得更高效。让大脑放松，清空，处于开放的状态，等待来自超意识的深层认知。站在实施阶段时，你的超意识现在想带给你什么样的深层认知？

- 关于这一点，你还想到了什么？
- 在这个阶段，你到底想要实现或学到什么？
- 为了学到你想要的东西，为了把计划推进到下一阶段，你还

- 需要采取什么步骤？
- 深层思维还想向你透露什么？

在你准备好之后，绕着菱形再走一步，踏上写着"价值整合"的那张纸。当你站在这儿时，享受一下这个阶段，感觉到在内心最深处，你的深层思维已经准备好了提供深刻见解。思考一下你的计划。让大脑放松，清空，处于开放的状态，等待来自超意识的深层认知。站在价值整合阶段时，你的超意识想带给你什么样的深层认知？

- 关于这一点，你还想到了什么？
- 在这个阶段，你到底想要实现或学到什么？
- 为了学到你想要的东西，为了把计划推进到下一阶段，你还需要采取什么步骤？
- 深层思维还想向你透露什么？

准备好之后，绕着菱形再走一步，到达完成阶段。当你站在这儿时，享受一下这个阶段，感觉在内心的最深处，你的深层思维已经准备好了提供深刻见解。再思考一下你的计划，然后让大脑放松，清空，处于开放的状态，等待来自超意识的深层认知。

- 你的潜意识想让你关注什么？
- 关于这一点，你还想到了什么？
- 你在这个阶段中还想实现或学到什么？

## 第四章 人生计划的四个阶段

- 为了学到你想要的东西,为了完成并处理你在这个计划中学到的一切,你还需要采取什么步骤?
- 深层思维还想向你透露什么?

在你的内心之中,你已经走完了计划菱形的所有阶段,从激励阶段一直到完成阶段。这就像你已经完成了自己的计划,准备重新开始一轮新的循环。在完成阶段多享受一会儿。你的内在认知思维已经考虑过了,为了让计划获得成功,你需要知道和学习哪些东西。当你展望下一个计划的激励阶段时,你会意识到,任何一个新计划都会带给你更大的成就感。下一个菱形计划会更宏大、更广阔、更令人满足,带给你更多的成长机会。感觉一下自己已经走了有多远,想象一下你在这个阶段获得的知识还会带你走多远。

再做一次深呼吸,带着从"完成"位置上获得的所有知识和经验,后退一步来到价值整合的位置上。在这个位置上待一会儿,享受一下你从完成阶段获得的经验和智慧。思考一下:

- 拥有这些智慧意味着什么?如果现在再来完成这个阶段,你会轻松多少?
- 拥有这些知识怎样改变了价值整合阶段?

再放松一下,带着从完成阶段和价值整合阶段获得的知识,再后退一步来到实施阶段。站在这个位置上,享受一下从完成阶段和价值整合阶段获得的智慧。思考一下,拥有这些知识让你完成这个阶段轻松了多少。拥有这些知识怎样改变了实施阶段？

带着来自完成阶段、价值整合阶段和实施阶段的知识，退回到激励阶段。享受一下从这三个阶段获得的智慧。拥有这些知识如何改变了激励阶段？

最后，踏上写着"教练位置"的那张纸。观察整个系统，思考你在这个过程中获得的最重要的经验。你还带回了其他什么知识？还有什么别的吗？

感谢你的深层思维今天带给了你这些知识。完成任务后，捡起地上的纸，回顾你所有问题的答案，仔细思考学到的知识。

Inner Dynamics |第五章|
**思维本源：人类如何持久改变**

> 每个人都在说想改变一些事情,想帮助他人,想解决问题,但最终你能改变的只有你自己。这已经很不错了。因为,如果你能改变自己,就会产生涟漪效应。
>
> ——罗伯·莱纳(Rob Reiner)

第五章　思维本源：人类如何持久改变

## 卡尔·沃伦达的故事

如果你擅长的技能和技艺，这个最让你快乐的东西，却变成了你最深切的痛苦，这对你来说意味着什么？你会放弃自己喜欢做的事情吗？还是说，即便是在人生最黑暗的时候，你也会忍受痛苦，朝着自己的专长继续努力？这正是卡尔·沃伦达（Karl Wallenda）做的。在人生悲剧发生之后，他在自己擅长的技艺领域继续努力，为他的生命再一次带来了深切的欢乐。

> 卡尔全家都是走钢丝的艺人。20世纪40年代末，他们一家人练成了一套令人赞叹的绝技。在表演的最后，他们会进行惊心动魄的六人叠罗汉，也就是三个人站在钢丝上，两个人站在他们的肩膀上，一个人站在最上面。"飞人沃伦达家族"的称号世界闻名。他们和林林兄弟马戏团（Ringling Brothers Circus）一起表演，还上了电视。
>
> 20世纪50年代中期，我曾亲眼目睹卡尔的单人表演。那时我8

岁，父亲带我去一个有三块场地的大马戏场看表演。在第一块场地里，小丑们在表演哑剧，他们摔跤，互相推搡，从口袋里扯出无穷无尽的丝巾。在第二块场地里，马儿正在翻腾跳跃，穿着芭蕾舞短裙的女孩站在马背上。在第三块场地里，驯兽师穿着红色的马甲，用鞭子指挥老虎和狮子跳过铁环。

父亲指着热闹场地上方的一根钢丝告诉我："看见上面那根钢丝了吗？表演到最后的时候，会有个人表演走钢丝。"

我现在还能回想起当时的情景。沃伦达的名字响了起来，他个子不高，穿着带黑色亮片的紧身衣。他向观众鞠躬，然后迅速沿梯子爬到房顶上。他满怀深情地抬起平衡杆，抬起了头，定了定身形，直视前方，踏上钢丝。他缓慢而优雅地走着，就像在跳舞。

1962年，在一次表演六人叠罗汉的时候，沃伦达一家人从六层楼高的地方摔了下来，两人死亡，两人重伤。重伤的人里有卡尔，他的骨盆骨折了。一瞬间，"飞人沃伦达家族"就这样消失了。

在这场可怕的事故过后，卡尔是怎么做的呢？他花了6个月时间进行治疗，才能在双拐的支撑下活动。在他能够走路后，他在家里后院的草地上架起了离地5厘米的钢丝。他坚持每天练习，渐渐把钢丝升高。

卡尔是一位大师。他练习自己的精彩节目，把全部思维集中在钢丝上。通过在钢丝上舞蹈，他跨越了恐惧和悲伤。他给每一次舞蹈都注入了新的表现力。面对记者的提问，他总是说："走在钢丝上我才活着，其他一切都是在等待。"每天，他都会攀上梯子，开始谱写一首新诗。

# 第五章　思维本源：人类如何持久改变

大师与自己的命运相连。他们知道自己决定做的事是内心深处的选择，做这些选择不需要得到社会的认同。他们让自己的愿景选择路径，抱定决心完成旅程。还记得卡尔走钢丝时是怎么做的吗？他拾起平衡杆，抬起了头，直视前方，踏上钢丝。一个人怎么走钢丝？以走钢丝的过程为例，可以告诉你如何成为任何一个领域的大师。

- 你必须深入聚焦于价值。先判断这件事有价值，并作出承诺。
- 你需要一根平衡杆。不管是离地5厘米还是离地六层楼高，平衡都是走钢丝大师的核心要素。要成为任何一个领域的大师，平衡都同样重要。
- 你需要清晰的愿景。向前看，看到愿景实现的景象，看到命运在召唤你。
- 你需要深刻体验那一刻的欢乐！成为大师意味着你要花时间舞动生命。

记住卡尔的话："走在钢丝上我才活着，其他一切都是在等待。"

## 探索思维本源

在生活中，我们都在走钢丝，探寻帮助我们前进、实现重要目标、完成重要计划的关键步骤。其中许多都是我们抱有目标的领域，是我们创造力的内在源泉。

当你拥有鲜活的生命，充实了自己想发展的领域，坚定不移为完成计划而前进时，你的生命会有怎样的不同？这对你的内在世界又意味着什么？

我们都想用自己的方式变得伟大，但现实却似乎事与愿违。你有了一个事业上的新想法，感到无比兴奋，但实施想法时却遇到了困难。你开启了一个令人振奋的计划，却不得不中途放弃。或者，你每天都很努力地工作，却忽略了自己的身体健康，没有为了家人保重自己。在这些情况下，你的伟大梦想远离了你。你还没有意识到自己是怎样被困在了思维本源里的，伟大梦想就溜走了。

## 不完美的灰色迷雾

很多人都在以往负面结论的基础上形成了自己的策略，因此很容易失去对事态的控制。当人们陷入不完美的旋涡时，他们常常感到困惑、挫折、不满足，觉得无法得到自己想要的东西。这个循环不断重复，负面结论进一步加强。意识一边要忙于处理过载的信息，应付根深蒂固的以往假设，一边还要处理当前内心的对话——接下来要怎么办？

这种状态又被称为"不完美的灰色迷雾"。在内心深处的某个地方，你能感觉到生活中过载的部分，但你可能无法维持生活的平衡，无法拿出一个可行的计划，从而做出必要的改变并冲出灰色迷雾。这种困惑有很多种表现形式。或许,你感觉事情太多了,很想休两周的假,厘清自己的头绪,思考接下来要怎么走。或许,你已经很久没有思考人生方向了,你不清楚自己真正的优先事项。当你理解内在对话如何在自己的内心呈现时,你就会开始理解,自己是如何创造出不完美的旋涡的。

那些让你陷入旋涡的想法会产生强烈的负面情绪,如无助、烦乱或愤怒。这些情绪可能深深根植于你的过去,它们会悄悄出现,然后俘虏你的思想。

有时候,当人们感觉自己被人强拉硬拽时,他们身体上就会出现相应的症状。我们的内在状态和身体状态有紧密的联系。每个人的肌肉记忆中都有紧张时的习惯性动作。研究表明,当人们有负面情绪时,就会做出紧张时的习惯小动作。这样一来,保存在习惯动作里的紧张又强化了精神旋涡或灰色迷雾。这种循环可能是暂时的,也可能是长期的,可能偶尔发作,也可能经常发作。人们在因思维导致痛苦和混乱时,以及生活计划面临挫折时,会很难从困惑中"觉醒"过来,以上情况可能与此相混淆。

认识到自己正在做的事,在内心深处对此感到好奇,这是改变的第一步。当下的思维会影响你做事的结果。如果你没有意识到这一点,也不对此感到好奇,任何改变都只能是肤浅而短暂的。一旦意识到了如何培养有用的习惯,并真正对此感到好奇,你就已经踏上了改变之路。

唤醒沉睡的天才：教练的内在动力
Art & Science of Coaching
Inner Dynamics

## 路上的障碍

下面是三种常见的使自己陷入困境的情况。

（1）缺乏弄清优先要务的技能。如果你觉得很难弄清优先要务，或许你会发现，其实你并不擅长做你想做的事。你会想获得进行创造性的探索、做出相关选择、集中精力获取想要东西的能力。你可能需要通过培养系统思维、创造性形象思维、探索潜在未来、明确有价值事物的能力，来练习和提升安排优先要务的能力。

（2）旧习惯。如果这对你来说是个挑战的话，你的生活可能会失去平衡。你可能发现，自己只关注一到两个关键领域。你习惯限制自己体验的范围，这会削弱你实现目标的能力。注意力受限可能已经成了你的潜意识，成了一种自发的习惯。这会导致你陷入狭隘的迷雾中。有效的解决方法是，重新规划你头脑中生活关键领域的地图。这可能有助于你改变规划和做事的方式，创造一个富足而充实的生活。

（3）以往的负面结论会让你看不见机会。如果这对你来说是个挑战的话，那么过去发生的重大情感事件会在你的意识和超意识领域形成一些顽固的负面信念。在面向未来的时候，这些结论会让你陷入困惑。请弄清，过去不等于未来！在教练的协助下，学着打开你的心灵，看到面前的机会，这可能会对你有帮助。

当人们发现自己生活在不完美的迷雾里时，可能源于上述一个或者几个原因。如果你在不停思考的时候仍没有意识到内在世界发生的事，你就会发现自己在一团灰色迷雾中不断旋转。如果上述障碍中的任何一个（或者全部三个）对你来说是个挑战，那么，你要意识到它们因你而存在、活动、发展，只有你才能消除它们，这是很重要的。

好消息是，与一位体贴的同伴进行转化式对话，运用有效的成果导向教练技能，有助于你超越头脑中的障碍。要做出内心的改变，你就要开始观察自己的思维模式，尤其是阻碍你前进的习惯思维模式，并对此负起责任。

改变并不容易，但你只需在21~30天的时间里集中精力、持续关注，就能改变一个习惯。有效的教练技能能为做出改变提供极大的帮助。要相信，你可以直接改变自己的习惯。观察你的习惯和行为，承认你的旧习惯，在生活中贯彻成果导向的教练技能，你就会掌握一套有效的方式，超越旧有的情绪脑障碍。

## 贝克哈德公式

我们都拥有强大的超意识，超意识能帮助我们加速改变的过程。这个变革过程需要深刻的自我觉察和顿悟，需要实现全脑的有效配合，我们称这个变革过程为"一致性的改变"。

理查德·贝克哈德（Richard Beckhard）是20世纪五六十年代组织发展领域的创始人。他与大卫·格莱西（David Gleicher）提出了一个变革公式，用于描述组织发生改变的条件。这个公式同样适用于个人的改变。

$$D \times V \times FS > RC$$

这个公式表明，要实现个人思维、家庭、组织、国家的真正改变，必须具备三个重要因素：

D（dissatisfaction，不满）代表对当前状况的不满。（为了扩展这个公式，你也可以把D想成是当前状态与你渴望的状态，或你希望实现的状态之间的差距；你还可以把D想成是你意识到的内心对改变的渴望。）

V（vision，愿景）代表对未来状态的期望，或对可能性的期待。（你也可以把V与你的愿景的价值基础联系起来。）

FS（first steps，第一步）代表迈向愿景的积极行动步骤，以及采取行动的意愿。

为了持续发生改变，上述三者的乘积必须大于RC（resistance to change），即当下对变革的抗拒。

抗拒变革是情绪脑的正常反应。情绪脑告诉我们要保持事物原来的样子。对变革的抗拒可能来自我们自己，来自我们所在的社会团体，也可能来自其他因素。

D（不满）、V（愿景）和FS（第一步）这三个变量中每一个都可能十分强大，都可能引发改变，但要实现持久的改变则很困难。变革最大的动力在于，三者都非常强大，而且结合在一起！

根据贝克哈德的变革公式，要克服对变革的抗拒，三个因素都要发生一定程度的作用。毕竟无论有多少其他因素，"$x \times 0 = 0$"是个基本数学原理。所以，如果D、V、FS这三个因素有任何一个是零，你就不可能采取行动或维系改变。如果你在做出改变时遇到困难，你要做的第一件事就是，弄清是哪个因素的数值太低。为了克服对变革的抗拒，下面几点是你需要的：

## 第五章 思维本源：人类如何持久改变

> · 对现状不满的感觉，改变现状的真切愿望和决心。
> · 以价值为基础的、清晰强烈的愿景。
> · 你愿意迈出的明确可行的第一步。

帮助你实现改变的最佳方法之一，就是找到一位强大的成果导向教练。他能帮助你直接调整以上三个变量，帮你克服对变革的抗拒。

一位好教练能理解并会使用可靠的框架，先帮你探索宏观愿景（你头脑中的目标和结果），然后聚焦于微观愿景，后者包括采取行动的第一步。转化式对话的艺术开始于提出有力的开放式问题，让一个人产生足够的好奇心，把注意力转移到难以抗拒的目标和愿景上来。

教练还能帮助人们走出不完美的迷雾，掌握完成计划或实现个人目标的四个不同阶段——激励、实施、价值整合和完成。其中每个阶段都包含技能的培养，需要谨慎地选择优先要务，或学习围绕优先要务的组织过程。下一节将探索精通聚焦（mastery focus），这是转化式改变和转化式发展的重要关键。

## 内在的力量：精通的四个阶段

你认为精通只有少数人能实现吗？想想你拥有的技能——走路、阅读、烹饪及任何学术、体育或艺术技能，它们都有特定的学习过程。有些技能需要特定的发展阶段才能达到精通的程度。你已经精通了很多技能，还有一些也离精通不远了。

要实现对任何技能的精通，都要经过四个阶段。每个阶段都为你提供学习、获得成就感、增强信心的机会。每个阶段都是通往精通之路的关键步骤。

就像任何旅途一样，如果你一开始就清楚每个阶段会发生什么，你就更有可能克服困难，完成旅途。任何值得做的事，你一开始都可能做得不好，继续做下去，你将学会在失败中前进。

### 第一阶段：形成

在形成阶段，你走出了"没有改变"的区域。你停止重复旧的行为模式，开始形成新的可能性，如图5-1所示。

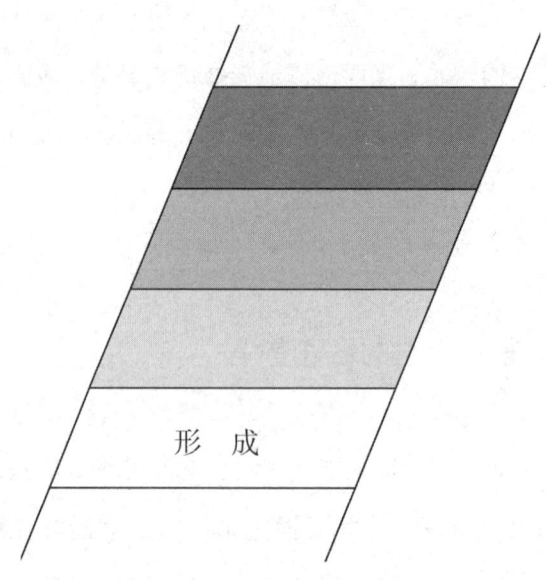

图5-1　第一阶段：形成

你心中闪现了灵感的火花。对于如何改变目前的状况,你有了一个想法。令人激动的愿景在你脑中渐渐展开。在通往精通之路的这个阶段上,你可能在潜意识中认为自己无力应付即将到来的事。也就是说,你可能还没有意识到采取行动实现目标、创造新行为模式的道路上会有什么挑战。请相信,这种"无知"的感觉是这个阶段的一部分。

例如,你决定戒烟。你并不了解戒烟,因此对戒烟可能带来的身体不适毫无准备。或者,你知道戒烟会导致身体不适,但中断烟瘾带来的深层情绪反应让你感到不舒服。又或者,你知道会有怎样的身体和情绪反应,但你的朋友不但不帮助你戒烟,反而递给你烟抽,这让你感到很震惊。你如何应对这些意外和挑战,正是精通之路上必经的部分。

这个阶段的关键在于,当你真的决心实现一个目标时,确保让激励(以价值为基础的愿景)指引你,而不是让绝望("我再也受不了了")指引你。当激励指引你时,你就会对目标坚定不移。遇到困难时,你就会重新振作起来。受激励鼓舞的人知道会遇到怎样的困难,知道自己要付出怎样的代价,也知道平衡点在于积极的价值观。

## 第二阶段:专注

当你开始实现自己的想法时,挑战或障碍有时会让你怀疑自己,或质疑自己的选择。你会发现,实现目标的过程很困难,有些东西需要你充满激情地去捍卫!你甚至可能开始想自己不该做这件事的理由。你的能量输出会增加,任务会要求你投入全部的专注,学习新的东西。这就是第二阶段,也就是"专注阶段"的特点,如图5-2所示。

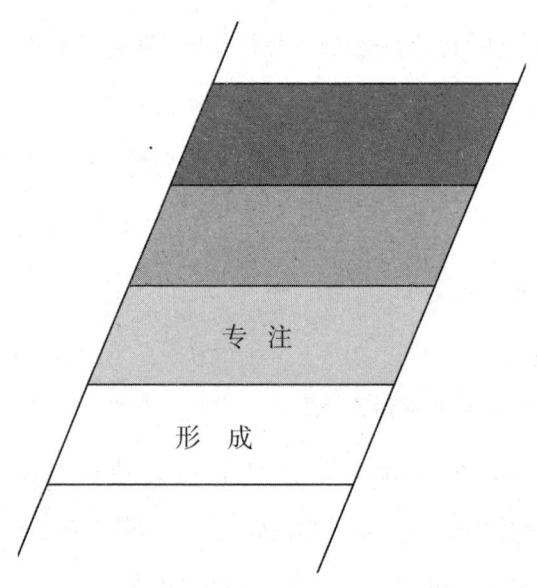

图5-2  第二阶段：专注

在专注阶段，你开始有意识地认识到，自己有多么不胜任，或者说，要实现自己的愿景会遇到什么挑战（有意识的无能力）。在这个阶段中，人们经常会放弃，因为他们的挫折感压倒了对成功的期望。

经过专注阶段的人，都学会了如何全神贯注和全心投入，以便实现自己的目标。保持专注需要一个人有清晰的愿景和绝对的承诺，但有时候情绪脑会用恐惧笼罩我们。在这个阶段，一位好教练会很有用，他可以为你提供帮助。如果你坚持自己的愿景，就会在这个阶段得到极大的成长。显然，你对一件事了解得越少，学习、扩展和成长的机会就越大。

## 第三阶段：动力

在第三阶段，也就是动力阶段，你已经保持了专注，采取了启动计划所需的措施。现在，你开始迈开脚步前进了。你已经创造、保持、扩展了新的行为模式。当你开始意识到与目标相关的任务变得越来越简单时，你就会知道，自己已经到达了动力阶段。

在这个阶段，尽管很多想法、技能和行动都能帮你实现目标，但它们仍然需要变成持久或习惯性的行为。你现在"有意识、有能力"了，但为了获得好的结果，还需要专注于目标。你渐渐抵达了一个可以放松下来、信任自己的时刻，也能轻松保持动力了。我们称这种状态为"持续动力"。一旦能保持"持续动力"，你就达到了技能的新层次。

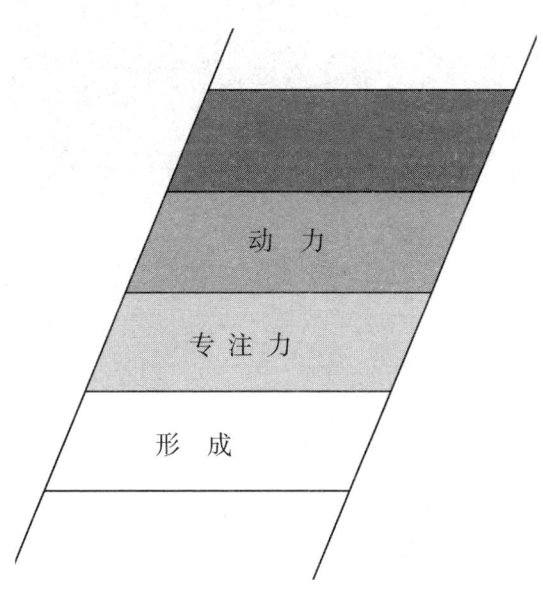

图5-3　第三阶段：动力

## 第四阶段：精通

你已经猜到了，最后一个阶段是精通！在第四个阶段，思想、技能和行为都已经达成一致，并且根深蒂固（如图5-4）。它们已经是你的习惯性行为，已经变得很熟练了。所以，保持这个习惯或完成计划都变得很自然、很容易了。你已经拥有了这个技能或习惯。在这个阶段，你体验到了前所未有的改变和深刻的觉醒。进行这个大师游戏时，你不仅仅是做了一件不同的事——你，你自己，已经焕然一新、脱胎换骨了，你的生活已经永远地改变了。

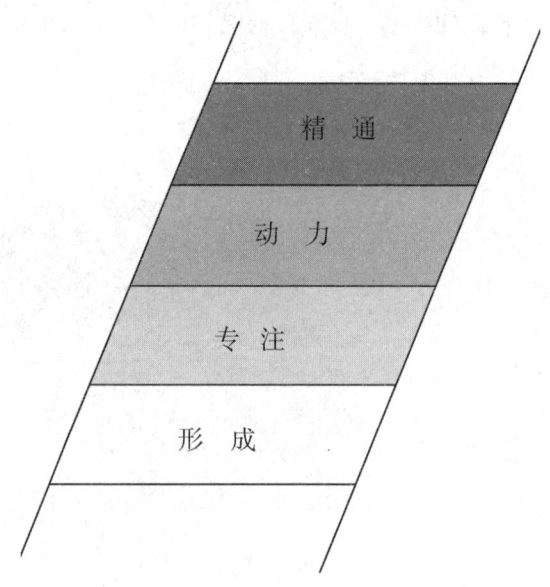

图5-4　第四阶段：精通

下面是一些可能出现的不同状况：

> - 突破——迅速完成四个阶段。
> - 稳定——稳定通过四个阶段。
> - 平台期——没有上升也没有下降。你在某一阶段停留了很长时间,可能需要帮助。
> - 突发事件——在某个阶段突然下降。这可能是因为新的因素进入了计划,你需要让自己重新进入高度专注的状态。

无论你通往精通的路径是怎样的,你都会体验到各种各样的抗拒。在专注阶段,当你走出自己的舒适区、进入未知领域的时候,抗拒实际上是这个过程必需的——你可能已经料到它会出现了。你可能痛苦地意识到,要实现目标是多么的困难。你很容易屈服于以下诱惑——放慢速度、欺骗自己(为自己找出不再努力的正当理由,但很快你就会发现这个理由是多么可笑)、抄近路、放弃、降低期望值或不再努力。这些形式的抗拒都会导致你功亏一篑。

我们能预见到路途中会有抗拒出现,但它不该成为获得成功的阻碍。跨越抗拒的关键是意识到自己在经历抗拒,有意识地选择接纳当下的感受,释放这些感受,在头脑中创建精通的状态。当你以精通大师的形象站在思维系统中,为了实现梦想不惜付出一切时,尽管还有抗拒的感觉,你也会帮助自己朝愿景前进。一位好教练能够提供这种帮助。

下一章将探索跨越抗拒或面对恐惧思维时需要开启的四扇大门。我们将详细介绍继续前进的多种策略。它们将向你展示如何跨越小妖思维,带着精通的思想状态通过这些大门。

## 练习：精通思维本源

下面是一个绝佳的练习，你可以利用它开始探索精通思维的本源，使之成为你的内在技能。

选择一个你下定决心明年要完成的目标。为了达到这个练习的目的，假装你已经到达了旅程的终点，完成了实现目标的所有步骤。

想象你已经过所有激励、实施、价值整合和完成这四个阶段，你已经获得了期望在这个领域实现的东西。比如，你已经成功戒烟，过上了健康的生活；或者，你已经开创了自己的公司，现在进展非常顺利；或者，你通过聆听学会了弹钢琴；或者，你通过定期的锻炼，拥有了更多的活力和能量；又或者，你积攒了足够的钱用来投资，确保未来的生活无忧无虑。你能不能想象出实现目标后的关键图景呢？多花一点时间，让这幅图景在你的脑中变得更清晰、更生动。

- 你看上去是什么样子？
- 你在对自己说什么？
- 你的朋友和家人对你说了些什么？
- 你的感觉怎么样？

从成功者的角度，花一点时间看看自己成功之路上的关键点。从大师般的精通的角度，回头看看你经历的所有阶段，一个一个地看。你会看到，自己正在培养关键的内在技能。这些技能会帮助你走完全程，甚至让你享受每个阶段。

## 形成

在这个阶段，你坚持了某些东西。下决心追求它时，你对自己说了什么呢？现在，重复你对自己说的句子："我是＿＿＿＿＿。""我重视＿＿＿＿＿＿＿。""我可以＿＿＿＿＿＿＿。""我将＿＿＿＿＿＿＿＿。"你在这个阶段的感觉怎么样？你采取了什么行动来帮助自己？是什么帮你进入了下一个阶段？

## 专注

在这个阶段，你在压力下发展技能，面对挑战时坚持目标。即使你还不太确定自己在做什么，你仍在继续努力前进。

- 注意：专注阶段意味着你坚定前进。
- 这个阶段里什么是最重要的？
- 在这个阶段，你如何保持专注？
- 你采取了什么行动来帮助自己？
- 是什么帮你进入了下一个阶段？

## 动力

在这个阶段，事情变得更容易也更有趣了。你开始有了变化，展示出自己可以在这个领域养成习惯、形成技能。你持续向他人展示，随着时间的推移，你能够取得成功。

> · 在这个阶段，你如何让自己保持强大，保持动力？
> · 你采取了什么行动来帮助自己？
> · 你怎么知道自己已经准备好进入下一个阶段了？

**精通**

在这个阶段，你自然轻松地展示了持久性。你不再强调做事或克服困难，而是处于放松的状态，更多聚焦于过去和未来的状态。这是一个智慧、流畅和掌控的综合境界。

> · 在这个阶段你的感觉怎么样？
> · 你采取了什么行动来保持精通？
> · 当你保持精通的思想状态时，你变成了什么样子？
> · 是什么帮助了你并将继续帮助你保持这种状态？

现在，反过来做这个练习。回到当下，你还没有开始迈向目标，还没有想象通往精通之路。在关于每个阶段的简短（5秒钟左右）"电影"中，你要看到自己拥有了最大的能力，自然轻松地克服了所有障碍，高效地通过并享受每个阶段。

在第一个阶段（形成），高调向世界宣布你将进行大师游戏，想象自己培养出精通这个游戏的能力。

在第二阶段（专注），想象自己正在培养思维、行动和内在的自制能力。你需要自制能力来维系自己，来通过艰难的学习环节。

在第三阶段（动力），看见自己"处于这个区域"。即使你想要停下来去找点乐子，也会对持久模式保持长时间的关注。

在第四阶段（精通），看见所有真正的大师的精通品质都已经显现并被强化。注意自己散发出了精通的品质。注意这些品质如何成为你身上持久的品质。体验自然流露的欢乐，深深感激你一路上的经历。

你知道，在你经历过这些阶段后，你最终会达到大师的精通阶段。想要现在就成为大师，你需要做些什么呢？宣布你要体验内心大师之旅，你需要付出什么代价？你现在就会宣布吗？

花一点时间，看看自己优雅、拥有技能和能力的样子。你内心的一束亮光穿越了所有阶段，一直通向你的未来。

# Inner Dynamics |第六章|
## 抗拒和四道小妖之门

你不能教给别人什么。

你只能帮他发现他已经拥有的东西。

——伽利略（Galileo）

第六章　抗拒和四道小妖之门

## 什么是身心一致？

任何人做事时都会收到积极和消极两方面的反馈。如果将其整合、运用到行动中，当强大的内在或外在压力试图让你分心、改变、偏离计划时，你就会坚持自己的目标和价值观。在艰难的内在和外在挑战面前，身心一致常常需要我们非凡的聚焦能力和履行承诺的能力。国会选举最后几周发生在亚伯拉罕·林肯（Abraham Lincoln）身上的趣事就是一个很好的例子。

在竞选的最后几周，双方竞争非常激烈，但林肯所在党派的宣传费和出行经费已经基本花光了。林肯的支持者和助手都在想方设法节省开支，合理利用仅剩的一点资金。而林肯的竞争对手很富有，他们在报纸上刊登了全版广告，还在许多城市组织了竞选集会。

一位富豪表示，他愿意为林肯继续竞选提供必要的资金。他来到林肯所在政党的总部，很快被请进了林肯的办公室。门关上了，林肯的支持者们聚在门外，期盼着能有最好的结果。每个人都希望

> 这位富豪能提供让林肯最后一搏、赢得竞选所需的资金。
>
> 突然，门开了，这位富豪匆匆地离开了。他低着头，拳头紧握。林肯从办公室走了出来，脸上的表情很难看。他的支持者们问："发生了什么事？"林肯用不自然的语调说："每个人都有出卖自己的价格。这位先生差点就把我收买了。"

冲突出现时，清楚你的最高意愿和与之相连的一致性，是做出真正有价值的选择的关键。

## 小妖习惯及其工作原理

在朝着目标和愿景努力时，身心一致一直在帮助你有效达成目标。我们可能会发现，在计划的某个阶段，身心一致在召唤我们，让我们拥有了采取必要行动、迈向下一阶段的能力。然而在下一阶段，内心的评论和恐惧的声音会让我们分心，阻碍我们带着意愿和身心的一致性前进。

小妖是一种恐惧的习惯，一种意识或潜意识内在对话的特殊框架，一种似乎能自动运作的内在习惯或感觉。小妖的出现会阻止你在计划的某个特定阶段采取行动。它还会用"否定"的方式搞暗中破坏，阻止你完成计划。

"小妖"这个词很有用，我们可以用这个词描述和总结关键的恐惧习惯与自我评价。正是这些恐惧习惯和自我评价阻止了你实现心中的愿望。理解小妖作为内心的故事或单独的习惯是怎么运作的，将为你提供优势，有助于你绕过小妖。

说实话，我们都会时不时产生小妖想法。即便我们内心已经做好了准备，那些基于过去经验和结论形成的愤世嫉俗、自我限制的旧习惯，仍会掌控我们思想的某些区域。好消息是，我们无须被小妖俘虏。与训练有素的伙伴进行转化式对话，就可以成功扭转强大的小妖假设，削弱乃至完全清除小妖的力量。我们将学着重新聚焦，支持自己的价值。

我们心中的小妖常常关注时间和精力问题。其实，这些问题都只有相对价值。我们可能已经形成了内在的批判思维。它们会在计划的很多阶段评头论足，嘲讽我们努力的价值。有时候，这些内心评论会带着挑战和挑衅的语调，要求或请求我们抗拒下一步行动。

为小妖命名是进入深层改变的有效方式。在你遇到一个小妖并询问它的合理性后，你就获得了超越小妖的价值系统赋予你的智慧和经验。更多的东西将展现在你的面前。带着新信息和更深刻的内心承诺，你将在更深的层次上继续自己的追寻目标之旅。

在任何计划中，都可能出现小妖的四个关键层次。

## 对梦想的恐惧

在我们许多人心中，小妖藏在完成计划之路的每个角落和每道门中。花一点时间，想一想第四章提到的完成计划的四个阶段。在我们继续下一步之前，想一想你生活中的一个重要计划。

在计划的初始阶段，也就是激励阶段（见图6-1），有些人就会遇到强大的小妖。他们甚至不敢想一下自己的梦想。这些人可能觉得自己缺乏天赋和智慧，根本无法开始做重要的事。他们消极地把自己和他人的才智作对比。他们贬低生活中的可能性，但愿这些事不会发生。

这些人可能是害怕生活会再次令他们失望！过去失败的经历已经内化成了他们拖延的习惯。在这个习惯的控制下，他们甚至不敢想象事情发生的可能性。我们把这种小妖习惯称为"对梦想的恐惧"。

遇到这种小妖的人会习惯性地创造出或联想到自己的小电影，看到自己在开始追求梦想后遇到困难，或感到绝望，或走投无路。这些绝望和走投无路的情景对他们来说非常真实（"要是_____发生了怎么办？"），从他们的角度看，未来绝望的情景好像已经发生了。对他们来说，梦想变得令人恐惧。比起直面和分享内心的真相，保持对梦想的迷茫让他们感觉更舒服。这道小妖之门注定是失败的场景。

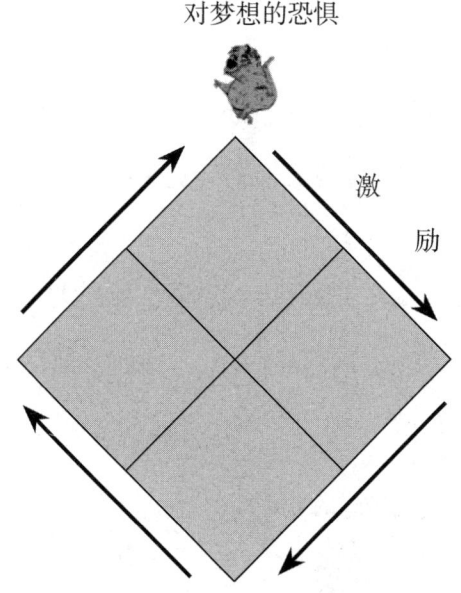

图6-1　小妖1：对梦想的恐惧

在这种情况下，变革的贝克哈德公式（见第五章）中"愿景"的因素是无效的。在第一道小妖之门受挫的人需要爱的帮助，帮助他们发现自己真正的愿景，并且开始信任这个愿景。与训练有素的对话伙伴或教练一起努力，就能清除这个旧有恐惧系统周围的负面活动。人们常常惊讶地发现，他们这么快就能聚焦于自己的梦想，并学会了实现梦想。

### 对失败的恐惧：受害者认同

有些人很容易被激励，能采取行动追寻自己的梦想，但在实施时会遇到困难。或者，他们发现很难安排优先要务，无法有效地使计划继续下去。

这些习惯产生了聚集在实施阶段的小妖。他们或许已经塑造了这个小妖的特定形象，即"对失败的恐惧"。有时，它也被称为"受害者认同"。如图6-2所示。

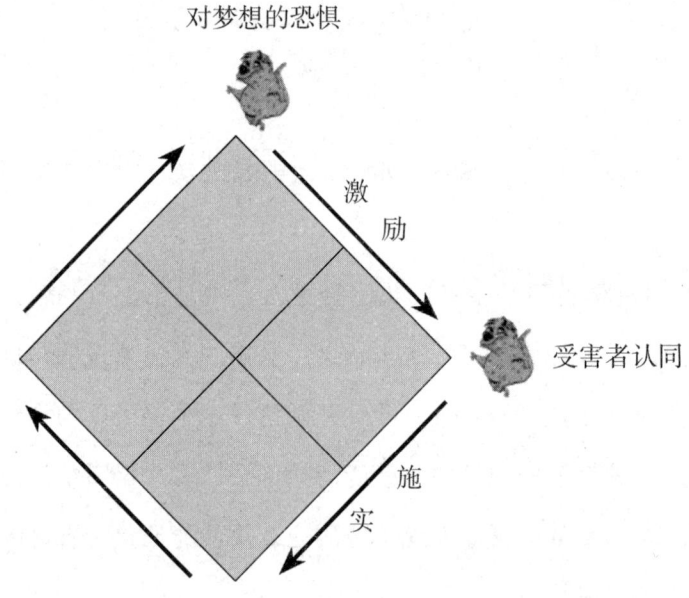

图6-2　小妖2：对失败的恐惧（受害者认同）

如果一个人清楚记得自己过去的失败经历，受害者认同的小妖就会对实施阶段造成阻碍。他们听到内心的批评之声在说，他们会失败。这个声音还常常消极地让他们把自己的能力、计划、策略和资源与他人作比较。这个声音可能会强调说,如果他们继续朝着目标努力,失败是无法避免的。

面对这道小妖之门的人是自身思想的受害者。小妖利用他们认为自己缺乏资源、能力、技能的想法和信念在搞破坏。他们需要建立内在的自信,坚信自己能够实现梦想。

如果听信这只小妖,你会想些什么呢?"我这样的人永远不可能办成这件事,因为……我太黑了/太白了,太胖了/太瘦了,太穷了,太笨了,学历太低了/学历太高了,我是男的/我是女的。我做错了,因为我是个错误,我没有能力,我是受害者。我做不到。"

这些人需要探索他们的内在价值和能力,需要围绕正面意象和成果导向的思维模式创造出清晰的画面。他们需要循序渐进地了解和组织自己的意愿。他们需要聚焦于自己即将成为的样子,而不是聚焦于克服困难这种低能量的工作。要聚焦于"成为"而不是"克服",他们还需要做一个微观的想象练习,看自己通过一步一步的细致行动实现了什么。这会帮助他们很好地完成目标,让他们在必要时为困难步骤做出应急计划。

一位知道如何克服这种小妖的教练,能帮助客户有效地进行视觉化想象,设计完成计划的每个步骤。与必要的能力形成内在连接并全身心投入,有助于人们去获得、去做、去成为他们梦想中的样子。

### 对激怒他人的恐惧：系统认同

当我们继续计划或梦想下一阶段的时候，也可能出现其他强大的小妖系统。在这个阶段，它们往往藏得更好，更难被发现。一旦人们获得了一定程度的成功，他们就会从周围的小妖系统收到反馈和鼓励，鼓励他们保持现状。人们之所以决定认同这个系统，是为了获得安全感。小妖隐含的信息是："不要改变，不要变革。"它的信息也可能是："如果你按我们的方式去做，我们就帮助你获得成功。否则，我们就抛弃你。"

人们在学习和发展的阶段，如果把信仰或信念主要寄托在情感支持系统上，害怕别人的不满意或拒绝，小妖就会变强，如图6-3所示。这种特别复杂的小妖被称为"系统认同"。随着人们认同的系统不同，小妖可以呈现出多种形态。它也是我们文化里主要的一种小妖。当人们刚刚开始成功的时候，这种小妖就会扼杀他们的个人创造力。

小妖阻止我们成功的另一种方式是，提供一个让我们感到羞耻和自责的核心点。通过这种方式，这个系统或系统里特定的个人或群体被迫为一切阻碍负责。这就导致人们无法走出计划最初的设想阶段，不敢深化自己的承诺，更别说把计划推进到下一个阶段或完成计划了。因为他们之外的"系统"阻止了他们这样做。

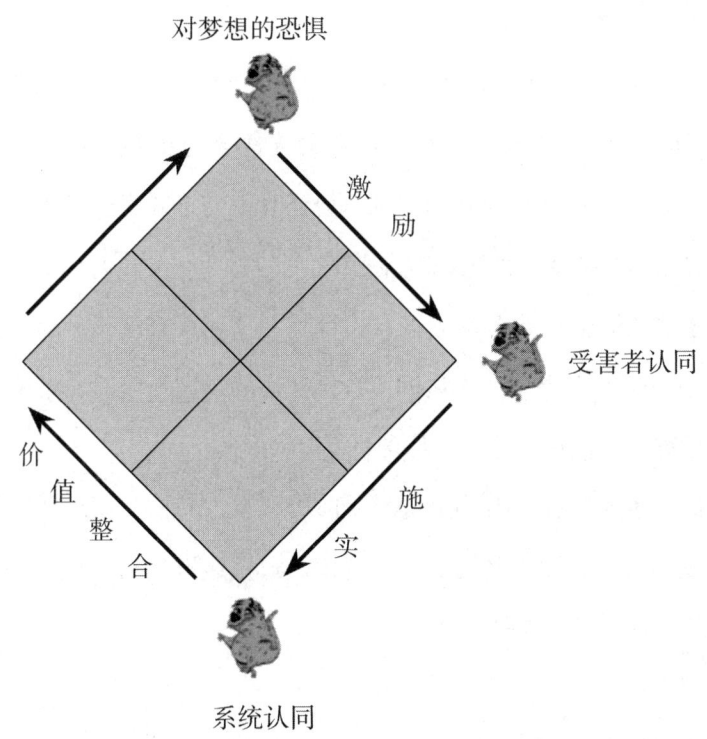

图6-3 小妖3：对激怒他人的恐惧（系统认同）

诸如"这个我做不到，因为我所处的文化、政府、组织、家庭、关系有缺陷"的想法吸引了人们的注意，使他们陷入了批判性观察或"等等看"的模式。人们宁愿证明自己这种想法是对的，也不愿意获取自己想要的结果。

"照顾孩子用光了我所有的时间。我做不到，因为丈夫不会帮我。这不是我的错，他们阻止了我，他们有能力这么做。"人们用思想和信念束缚了自己，他们因为一些表面上看似阻碍了自己的东西而指责外在环境（或外在世界的事件）。这个人在面对社会和自己的生活时再一次感到无力。

这些人需要聚焦、寻找、探索他们能掌控的东西。如果我们能控制我们生命中的更高价值和深层意义，这会为我们重新前进提供动力。否则，即使是在成功的时刻，他们真正的自我也会一直被封冻起来，被隐藏在不满、怨恨和游离之下。

系统认同会导致全面的沮丧、批判、放弃甚至傲慢。虽然这听起来有些极端，但当一个人认同了自己经历的抗拒系统时，他们就可能因隐忍而变得傲慢，这是一种自我否定的形式。

被这道小妖之门困住的人，可以与自己真正的个人价值连接起来，从而突破局限而狭隘的系统意识。通过这道门后，他们将再一次聚焦于自己真正想要的东西。

### 对冲突的恐惧：冲突认同

最后，在第四道小妖之门前面，还有最后一项重大挑战——对冲突的恐惧。这就是"冲突认同"的小妖，如图6-4所示。

像所有的小妖之门一样，第四个小妖也具有多面性。很多人可以说出自己真正的价值观，但是当别人看上去受了伤害，或是别人说会因为他们独立的言论而受伤时，他们就沉默了。比如，可能有这样一位母亲，她一辈子都在坚忍地养育孩子。将自己幸福、独立的生活自由与母亲、贫乏的机会和选择相比，她的孩子可能会害怕，当他在母亲面前表现出自己的独立思考时，自己内心会产生冲突。毕竟，母亲一直是他的榜样。他不希望自己的内心产生冲突，因为在某种程度上,他还没有培养出独立生活的能力。"母亲可能不高兴"成了他前进道路上的瓶颈。在某个领域的停滞可能导致生活其他领域的停滞不前,进而阻碍所有愿景的实现。

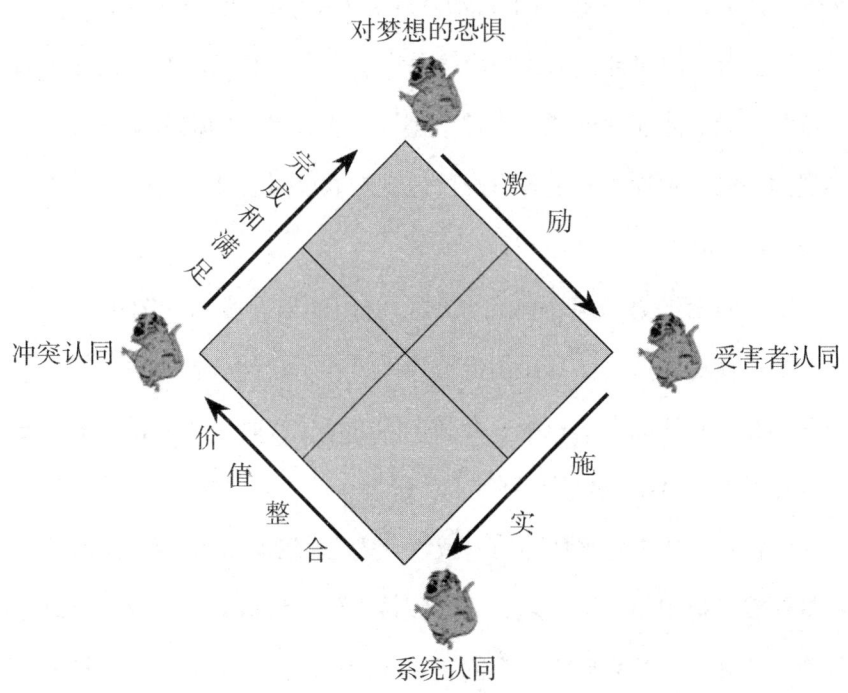

图6-4　小妖4:对冲突的恐惧(冲突认同)

小妖之门还有另一个障碍——诱惑,诱惑我们以牺牲进度为代价,来处理时间管理和优先要务管理之间的冲突。我们注意的范围变窄了,以至于我们只能看见冲突和后退的道路。我们选择了后退。我们想要安全,因此犹豫不决,无法向前迈进。恰恰相反的是,我们进入了充满不合时宜的旧习惯和过时结论的压力区。我们找不到时间,无法完成对自己来说重要的事。

冲突阻碍了我们实现内在联合。这种联合就像是运河水闸的水平面。它必须慢慢抬升，以便让船前进。为了完成下一阶段，你内心的小船会慢慢抬升，超过了旧有的抽离状态，达到了真正整合的水平线。这是一个完整的系统，因此人们行动时需要从身心的一致性出发。

只有当我们向自己的核心价值承诺，学会带着身心的一致性勇敢前进时，我们才能战胜并超越这个小妖系统。当人们抱着坚定信念要实现内心的一致性，实现与自身价值观的联合时，他们就开始以一种全新方式生活了。

当人们走过第四道小妖之门时，他们就把内心的冲突甩在了身后。他们通过坚持自己真正的价值观，培养了一种全新的独立能力。当我们在旧有认同之上找到一个强大的教练位置时，我们就能渐渐摆脱各种观点的冲突，不再受到它们的影响。

随着我们加快构建身心的一致性，内心负面对话就会开始减弱。这就让我们提出了一个问题："我能传承什么给后人？"我们可以心怀前进的强烈愿景来回答这个问题。我们这时的目标就是把领导式的奉献最大化，为自己和他人播下未来成长的种子。

在第四个聚焦一致的阶段，一个人就超越了内心优先要务的冲突、时间的冲突、自我表达的冲突，以及所有令人羞耻或恐吓式的内在对话。你见过俄罗斯套娃吗？套娃一层套一层，一共有很多层。如果我们的计划是设计一个四层的俄罗斯套娃，那我们终于到达整合四个层次的学习成果，准备变成最大套娃的时刻了。你可以大大地松一口气了！

这时，人们才能真正开始体验到高度的自我信任和内在满足感。

你的成果是一份有意义的遗产，可以传承后人，也可以当作礼物赠与他人。这是真正的内在、外在领导者的领域。

当人们继续运用教练技能，去超越旧有的小妖系统和实现更大的目标时，结果是令人惊叹的。在与第四个小妖的角逐中获胜的人，重新获得了内在的联合，重新与价值观和内心愿景取得了深层连接。他们还会发现真正奉献的快乐。当他们能有效面对并处理自己和他人的不满与挫折感时，他们就成了真正的领导者，能鼓舞周围所有的人。获得关于身心一致的帮助的人，很快又开始帮助其他人。他们就像航标一样，指引其他人免于恐惧，获得独立。他们就像磁极一样，吸引每个人更加信任自己和自己的目标，增强人们对自己学习和成长能力的信心。

消除了冲突造成的停滞不前，我们就可能完成自己当初设想的计划。我们可以庆祝成功了。基于微小负面评价的小妖系统不会再对我们的注意力和意愿构成干扰了。我们有可能超越自己以往的经验，发展出强大而持久的价值观，为我们的生活增加许多欢乐。我们可以自由地前行，加速我们的领导力之旅。我们成了独立的价值创造者。

## 处理小妖问题

这里简要描述了小妖系统信念的特性，介绍了如何通过转化式对话清除小妖。关于小妖之门和如何积极处理小妖问题，本系列的后续著作将提供更多的细节，《教练的艺术与科学》专业教练培训课堂也会提供相关练习。

重要的是，你要知道，当你了解了自己的大脑—思维系统，了解了自己的深层价值和承诺之后，驯服小妖或与小妖建立联系就是有可能的，这在很多情况下是很容易做到的。作为在旅途上的人，我们在探索自己的价值观时，既要投入（进入它们的内部）也要抽离（观看自己表演的小电影）。这样，我们才能弄清方向，获得力量。

带着注意力和意愿，我们可以轻松地超越小妖的力量。通过运用注意力和锁定意愿的过程，聚焦于清晰而有价值的目标，你可以与自己的目标重新建立连接。通过承诺和练习，你可以有效地与目标连接起来。

第一次遇到小妖时，你可能感受到了很大的前进阻力。不过你一旦了解了抗拒的力量，就能用自己大"H"的品质战胜它们。这些品质就是幽默（Humor）、谦卑（Humility）和慈悲（Humanity）。

## 小妖思维领域中的变革公式

回忆一下第五章的贝克哈德公式：D × V × FS > RC。你记得吗？三个因素都必须大于零，才能克服对变革的抗拒。要实现积极的改变，你需要具备对现状的不满、对理想未来状态的愿景和踏出尝试的第一步。这些因素必须大于目前对变革的抗拒，这个抗拒来自情绪脑的习惯模式。我们应该如何利用变革公式来克服小妖思维呢？

对现状的不满可能表现为头脑里的一个小声音，或者一种感觉。我称之为"神圣的不满"。这可能表现为，你意识到了旧有的负面情感正在让你放慢实现愿望的速度。不满会让你产生一种想"逃离"现状的感觉。"逃离"的能量远远不足以让你感到满意，也不足以带来持久的改变。

记住：无论你专注于什么，必将获得更多。一旦意识到什么是你不想要的，就迅速将你的专注转向你想要的东西上，感受那种感觉，感受现在就拥有它的真正价值。

当你认识到自己的不满只是镜子的背面，召唤你前进的愿景和价值观才是镜子的正面，一切就会发生改变。你可以开始利用小妖思维系统，把内心的目标与生活的信念相连。你会逐渐意识到，整个系统运作时，对身心一致和紧密相连的需求非常强烈。

小妖的恐惧可以变成你旅程中的积极因素。就像在英雄之旅中一样，你可以利用内心的恶魔，利用它们的力量帮你获得想要的东西。你还可以做得更多——和小妖交朋友，让小妖变成警示，最终把小妖变成你生活中的智慧导师。

像著名的禅宗大师一样，你终于抓到了牛，现在可以兴高采烈地骑牛回家了。你掌控了最可怕的旧有习惯系统，可以把内心的批评家变成得力的助手了。

## 日常自我教练的力量

让我们完成我们的旅程，总结一下前两章中的进阶要点。要坚定地完成重要的目标和计划，你需要将变革公式中的三个因素相结合，也需要了解你的个人批评工厂，即你内心中抗拒改变的小妖。花几分钟时间，评估一下你拥有的资源。

为了实现生活中的愿望，你必须知道自己当前的状态，以及你希望达到的状态。想象一下，一只蚂蚁趴在大象的前脚上。如果蚂蚁不知道大象要去哪里，它就可能直接被大象的后脚踩中，或是掉到路边。

以价值观为基础的愿景让你看到目标和理想状态，引领你饱含热情地追求自己想要的东西，而不是逃离不想要的绝望状态。如果那只蚂蚁环顾四周寻找要去的方向，它就可以轻松地离开象脚，避开任何危险。愿景为我们指示前进的方向，为我们照亮道路。如果蚂蚁看见了可以前往的安全地带，那个目标就会为它指引方向。这比只逃离危险要好多了。

缺乏不满的愿景不能为你提供行动所需的能量。缺乏愿景的不满则会让你失去行动的方向，无法获得持久的成果。

如果你要朝着愿景努力，迈出清晰可行的第一步是很重要的。这是旅程的开端。如果蚂蚁因为不知道应该朝哪里去，或为第一步踏向哪里而犹豫不决，它就可能被大象踩扁。为了缩短现在状态和理想状态之间的距离，你必须前进。只要每次迈出一小步，你就会发现，改变的道路并没有你想的那么漫长。重要的是，你要知道不需要强迫自己或狂热地驱动自己。那种维持意志力的想法伴随着内心的声音，像士兵那样遵守"是—不是""冲锋—撤退"的命令，是你旧有的情绪模式。实际上，正是这个内心的声音带来了受害者认同和自我破坏。

当你抱有清晰的愿景、激励和真实的意愿前进时，自然能学会转动改变的齿轮。你获得了有效完成目标所需的想象力技能，能在正确

## 第六章 抗拒和四道小妖之门

的时间使用正确的力量,追求正确的目标。这包括了明悟的内心和清晰的交流。这样,他人才能了解你、帮助你。

建立在负面思维之上的旧有情绪习惯系统,可以用丛林来打个比方。如果你的思想是一片遍布倒落的树木、蔓藤、沼泽和流沙的丛林,你可能会问:"怎样才能找到内心的泰山[①]?"转化式对话会带你荡上灵魂的树梢,来到一片视野清晰的地方。你会看见一条有价值的小径,你抓着树藤荡过去,就能摆脱那些小妖。

在转化式对话中,提出一些强有力的问题,可以帮助人们荡上自己的树梢,体验自己愿景的明亮和温暖。像泰山一样,他们可以借助自己的战略焦点、强烈的好奇心和赞赏,荡向他们的目标。他们因为看清了最佳的前进方向和自己的行动步伐而变得灵敏。他们荡到了丛林的高处,看清了最佳前进路线,因此能迅速穿越或绕过它们。

在遇到他人情绪化的顾虑时,最重要的一点是你要记得,目标对他们来说大得不可思议,像一头大象一样挡住了他们。为了前进,这个人需要把目标细化成一个一个小目标。当人们拥有很大的愿望时,鼓励他们一步一步去实现。吞掉整头大象的方法是一小口一小口地吃。

你的目标实现之速缓慢但你仍坚定地前进,保持关注直到你获得真正的动力。你可以坚持培养关注和保持动力的能力,这种能力就像一块需要锻炼的肌肉。

---

[①] "泰山"是西方文学里一个经典形象,1912年随《人猿泰山》(*Tarzan of the Apes*)的出版首次与读者见面,而后出现在许多动画和电影中。——译者注

## 我们能自己做出改变吗？

这是一个非常重要的问题。通过转化式对话，你提升了发展一致性和实现重要目标的能力。这种谈话可能是在内心与自己的对话，也可能是你与朋友、亲戚、陌生人或成果导向教练的对话。越是从小目标开始并完成目标，你完成目标的肌肉就会越强健。

教练空间是这样的：在这里有关心你的人，帮助你弄清自己想要什么，帮助你明确如何实现它，让你在这个计划里走得更远，使你的目标变得更有意义，帮助你最终获得令人满意的结果。当他人为你撑起一个教练空间时，你就拥有了一股强大的磁力，吸引你去珍视自己的目标，并竭尽全力去实现它。

## 转化式对话意味着什么

在自我发展之旅中，转化式对话是一种方法，让你帮助自己和他人变得更和谐、更有目标。这个游戏的目的是让人拥有更多、成为更多、做得更多，拥有更加鲜活的生命，追求生活中更多的机会和更深的承诺。在当今世界上，我们拥有变得伟大的能力和机会，同时也有摧毁自己的能力，这使得变革式对话显得更为重要。

转化式对话是一种方法，人们通过这种方法开始玩更大的游戏，按照内心的真相去生活，同时帮助他人做到这一点。要培养进行这种关键对话的能力，你需要开始观察自己的行为模式，特别是旧有的习惯思维。这些思维可能存在于意识或潜意识中，阻碍了你体验最高的真理。

转化式对话帮助你跨越内心的丛林，进入生活计划的下一个阶段。在对话中，你会发现，那些限制和阻碍都是你自己强加给自己的。或者，你会从情绪障碍中觉醒过来，转而朝自己真正的核心价值前进，迅速远离你加诸自身的混乱信息。这种对话可能是每周固定进行的教练对话，要持续几个月甚至几年时间。通过这些对话，为你绕过小妖思维的旧习惯模式迈出了第一步。为了培养自己的领导能力，直到留下真正的传承，你需要聚焦。

下面是一个有趣的问题："在和他人的关系中，我们是什么样的人？"当承诺进行转化式对话时，你就会逐渐培养出与他人开放式的交流模式，无论是个人行为还是专业行为都是如此。通过教练的交流方式，你能帮助自己和他人走出小妖思维、情绪幻觉、限制性信念，活力十足地朝着完成重要计划前进。

## 练习：反馈VS失败

理解"对失败的恐惧"这只小妖，是件很有用的事。这只小妖常常挡在实施阶段的门口。这个简短的练习能让你通过一些清晰简单的步骤，迅速超越"对失败的恐惧"这只小妖，获得内在反馈方式带来的明晰思想。

我们把获得这种明晰思想的人称为天才，尽管他们常常自谦说，他们的成就源于坚持和好奇心。托马斯·爱迪生在发明持久耐用的电灯的过程中做了几百次实验。如果他当时相信了失败模式，他的好奇心和坚持就会荡然无存。帮助他取得突破的是他精心制作的反馈图表。图表上标注了他过去的尝试，说明了哪些金属和材料不合适，为他提供了很多有用的信息。

**反馈模式VS失败模式**

在下面这个表格中，右栏是世界上许多文化中普遍存在的思维模式，即一个人从孩提时代起就从父母、兄弟、姐妹、老师那里学到的思维模式。这些步骤很简单，你可能早就知道了。

首先，注意到某件事出了差错。我们立刻会问："出错是谁的责任？"不管发现责任在谁，是自己还是别人，我们都会提出一个让自己思路变狭隘的问题："为什么？"

| 反馈模式 | 失败模式 |
| --- | --- |
| 结果：你想要什么？ | 问题：出了什么差错？ |
| 反馈：你要如何学习？ | 失败：这是谁的错？ |
| 如何：这是如何发生的？ | 为何：为什么会发生这种事？ |
| 机会：这如何成为一次机会？ | 限制：它如何限制了你？ |

请注意，这个"为什么"并不是问"为什么这是有价值的"。我们不会问为什么某件事对我们来说是真正重要的。我们问"为什么"的时候，后面都会跟着一个"因为……"或是一段故事。"为什么—因为"这个公式引导人们向内心探索原因，结果往往发现是个人的失败。如果你有兴趣积攒个人失败的故事——包括你自己或其他倒霉蛋失败的故事，那么"为

第六章　抗拒和四道小妖之门

什么——因为"将是一个好问题。这个问题会导致我们陷入无穷无尽（并且毫无目的）的推理和辩解，而且会一直持续下去。为什么会发生这种事？因为我没有用，我永远做不对，我总是犯错。这种形式化的内在对话常常诱发过去的内心恐惧，而这种恐惧有强大的力量，产生的结果会牢固地附着在旧有的负面习惯上。倾听这种声音时，我们就会得出狭隘的结论。这种结论限制了我们的选择，也限制了我们自己。

现在，看一看表格左栏的反馈策略。我们可以看到一个由四步构成的策略。它通过开放式问题引导人们获得了完全不同、非常有益的结果。我们还用上面"失败模式"的情况来举例。"反馈"策略从一开始就立即进入了成果导向的轨道。第一个问题是："发生了什么事？"然后问："这里有什么反馈？"这个问题能培养你的好奇心，帮助你聚焦。它会把你的注意力转向外界的事件和结果，找出下一个可以采取的措施。这就引出了下一个问题："怎么做？"这个积极探索的问题能带我们走得更远，带我们进入发展性的探索。"这是如何发生的？我们如何研究它的结果？下一次我们怎么才能采取不同的做法？"

这通常能带我们走出看似窘迫的局面，带来一个积极探索的机会。原有的障碍变成了机遇，将帮助我们取得更大的成功。

## 反馈VS失败练习

有一个很好的方法可以分析厘清这个表格，即列出你过去生活中1~3件失败的事。想想过去被你或别人标记为失败的事——学业、事业、生意、婚姻，或者类似的事。列出清单之后，花一点时间想一下你是怎么做的。大部分人在扪心自问失败之处时，会倾向于投入过去的经验，跳进那件事里去，从身体上再经历一遍失败。我们会注意到当时自己的感受，并重新感觉到过去身体的紧张和困扰。

如果我们学会一个一个地提问题："我从中学到了什么？通过我学到的东西，有什么事我永远都不会再去做了？"我们的回应可能相当不一样。这些问题就像魔法一样，能帮我们远离负面心态，用学习的框架看待每种情况。看待这些事情时，要从中汲取积极的经验，注意你在以后的事件中是如何利用这些经验的。确保你注意到了这些知识是如何积累起来，最终让你拥有了如今的智慧和自信。

在你探索完这些问题之后，请按照表格中反馈模式的步骤审视这些事件。每次提出一个问题，认真思考，循序渐进，直到你明白了这件事如何为自己提供了学习和成长的机会。这个方法能有效地中和小妖思维，特别是当你进行独立思考、不与自己或他人作比较的时候。我们都有内在的学习之旅，这些问题能让我们带着从经历中收获的智慧和尊严庆祝自己的成果。

一步一步地完成练习，根据实际情况调整自己行进的方向，在不同事件和情境中审视你的反馈模式或失败模式的习惯。这个练习是本书中最有效的练习之一。如果继续深入，你就会从中获得更多的收益。完成这个练习后，扪心自问：我要怎样进一步运用从这个练习中获得的信息？这对我的生活有什么长远意义？这个信息如何帮助我更有效地服务他人？

# Inner Dynamics |第七章|
## 基本焦点：与原则为伴

> 与我们心中的事物相比,
> 我们眼前和身后的事物都是微不足道的。
>
> ——拉尔夫·瓦尔多·爱默生
> (Ralph Waldo Emerson)

第七章　基本焦点：与原则为伴

## 床底下的孟加拉虎

转化式对话帮助人们按照自己的想法生活，帮助人们实现自身最高的愿景。这就需要以一种特定的方式思考人类本身，思考每个人是如何理解这个世界的。沟通高手做的事和对他人的贡献体现了一些品质，而这些品质往往是由他们的处事原则决定的。

转化式对话是由一系列强大的原则构成的。正是这一点使得米尔顿·埃里克森的工作如此出色。他与人交流时遵循的原则，体现了他对人类现状和个人世界观的尊重。下面的故事是一个很好的例子，展示了埃里克森是如何利用想象力和幽默与人交流的。

> 埃里克森患有小儿麻痹症，40多年来一直忍受肌肉痉挛的痛苦。他了解这种痛苦，也知道如何利用视觉化思维来应对痛苦。一位处于癌症后期、忍受巨大痛苦的女士曾向埃里克森求助，说她不想吃止痛药，因为她觉得那会抑制她的创造力。
> 埃里克森回答说："夫人，这很简单。你自己就可以做到，只

需要练习一会儿就行。假装你这会儿听到门口有轻微的动静,你的门是半开着的。你抬起头来,看到一只巨大的孟加拉虎走进你的屋子。它正盯着你,肌肉紧绷,准备扑过来。现在,告诉我,当你想着这只老虎的时候,你感觉到疼了吗?"

"没有,可为什么呢?"这位女士惊讶地说。在接下来的一个月里,直到她去世,她都利用视觉化思维和类似的有效方法来抑制疼痛。他人问她疼不疼时,她只是简单地回答说:"我应付得不错。我只是把一只巨大的孟加拉虎藏在了床底下。"

## 埃里克森的五个基本原则

我希望你把这里介绍的埃里克森原则应用到谈话中,仔细聆听、积极回应。这些原则提供了一个像孟加拉虎一样的"透镜"。通过这个透镜,你可以改变自己对当下生活的认知的质量。这些原则的作用是设置你的体验。它们提供了一个有效的行动价值系统,帮助你和他人进行深层沟通。这些原则也有助于你站在"帮助他人做出改变"的立场上,聆听他们的想法,有效与其沟通。

我们对彼此都有强烈的影响。如果通过有问题的或是需要修复的透镜去观察人们,就会鼓励和维持他们心中的小妖或无力感。结果是,他们仍然会固守旧有的想法和行为,这些想法和行为会阻碍他们做出改变。相比之下,如果把人们看作是完整而有力的,他们就会有意无意地以伙伴身份而非受害者身份与过去的小妖打交道,向它们学习。

## 第七章 基本焦点：与原则为伴

佛陀说："纵使经百劫，所做业不亡，因缘会遇时，果报还自受。"当你选择去看，去听，去感觉，去信任他人的一致性的时候，无论故事如何发展，你都在让自己和他人变得更伟大。

把埃里克森的五个基本原则想象成一个五角星，每个原则是一个角，对我们会很有帮助。这个比喻的价值在于，每个人都应该在这颗五角星的光芒之下接受观察和考量。

**埃里克森原则一**
**OK原则：人们本来的样子就是OK的**

这个原则仅仅指明了一个事实，即每个人一辈子都会成长和变化，每个人都在改变之中。那些跨越了旧时阻碍，发展了新能力的极端例子总让我们着迷——一位50多岁的家庭妇女成功地成为小说作家；一所高中的看门人60多岁才学会识字并获得了高中文凭。之所以这样，是因为我们意识到了每个人都具备这些能力。对大脑的最新研究显示，我们能通过练习培养新的习惯和能力，任何年龄段的人都能做到这一点。

根据米尔顿·埃里克森的观点，在人生的任何一个时刻，我们过去的思想和行为都是下一阶段学习的起点。我们一直在攀登学习的阶梯。这就意味着，对过去经历的负面看法有助于我们抱定真正的价值观和人生愿景，在追求一致性的道路上走得更远。每个负面看法都是一种观点，有助于我们理解和检验其他的生活经验，超越现在，进入更深层的精通、合一和完整。

想一想,即便是最阴暗的思想和行为,都可以用这种方式来探索。万物存在都有其道理。只要呈现自己本来的样子,一切都是OK的。为什么一切都是OK的呢?宇宙需要各种各样的力量来保持平衡。因为宇宙的某个部分不好看或是很丑,就想把它清除掉,这是不可能的。各种各样的经历都是有必要的,它为我们提供了广阔的选择范围。

试图让自己、他人或世界变成这样或那样,或者因为事实和你预想的不同而失望,都是源于"我很差劲"这个自我形象或对世界观的判断和比较。艾伦·瓦茨(Alan Watts)所谓"白方必胜"的游戏,只会让你筋疲力尽,失望至极,觉得自己是个失败者。白方永远也赢不了!只有从看起来是"黑"的部分汲取教训,你才能理解"白"。白和黑都是OK的!请选择你希望在生活中体验得更多的那一方。见图7-1。

图7-1 埃里克森原则一

过去的选择、决定和环境决定了我们当下的生活,也就是我们现在经历的生活。它不可能是别的样子。当你达到更紧密的身心一致,

## 第七章　基本焦点：与原则为伴

体验到"自己本来的样子就OK"时，你就站在了批判、否定、消极看待自己或他人生活经历的反面。这种"认识到我们是OK的"的能力为我们打开了一扇大门，帮助我们超越批判，看到新的选择。

### 埃里克森原则二
### 人们内在已经拥有成功所需的一切资源

意识是一个"聚焦"的设备，你的意识只能接收到世界提供的信息中很小的一部分。人的意识有限，一次只能接收4~7个信息片段。这些信息既来自我们内心的世界，也来自外部世界。

相比之下，超意识可以感知意识限制范围之外的信息。超意识管理着所有的生命进程，不需要意识的参与就能使我们整个身体系统运作起来。超意识使心脏跳动、胎儿孕育、伤口愈合、头发生长，让我们与周围的环境融为一体，见如图7-2。

图7-2　埃里克森原则二

想一想，超意识比意识聪明得多。你能注意到并回应数量庞大的信息，远远超出意识允许的范围。这个深层认知系统涵盖了你学过的所有东西、你过去的所有经历，以及你的意识尚未注意到的、你正在经历的事。

在成果导向的教练中，我们把当前可觉知的东西称为"意识"。我们的文化中有一个普遍的信念：我们大多数时候做事和思考都是有意识的。但你有没有注意到，每次说话的时候，句子会根据你意识中内在和外在的问题"脱口而出"？与普遍存在的信念相反，我们做的绝大部分事情和我们做的最好的事情，都是用来自超意识的能力做到的。

这就是转化式对话的力量。它允许人们深入内心，把全部资源带进意识，从而采取最好的行动。当人们开始放松、自信，向自己证明已经拥有成功所需的一切资源时，就不再依赖他人的建议或认同了。人们发现自己深层认知系统中巨大的成功可能性，于是开始挑战自己，促使自己获得更大的成功。

遵循这个基本原则的必然结果是——获得大师级的精通是有可能的，不是只有独具天赋的人才能做到这一点。如果这件事在世界上可能发生，那么对你来说也有可能。问题是怎么做！

**埃里克森原则三**

**人总是做当下自己能做的最佳选择**

三层大脑系统（本能脑、情绪脑和大脑皮层）掌管着每个行为选择。它们相互作用，保证人们不断发展和学习。选择都是从整体出发做出的。这说明，每个人总是根据自己的内在处理能力，做当下自己能做的最佳选择，见图7-3。

图7-3　埃里克森原则三

作为转化式沟通者，我们的角色是看到人们过去如何成了自己的受害者。想一想，当你把他人的行为贴上"错误决定"的标签时，你实际上是鼓励了你所批判的习惯模式。一旦你对事情"应该"或"当时应该"有了不公正的认知，你的生活就会充满了困惑、失望和怨恨。真正能帮助自己和他人的方法是，把他们作为一个整体去接纳，接纳他们现在的样子。

一位好的教练明白，要获得新的结果，就需要培养内在灵活性和技能。这些始于接纳一个人当下真实的样子。要培养有助于扩展知识和成长机会的灵活性与技能，就需要我们通过练习新的生活方式和做事方法，去获得觉醒、致力于重新发现、聚焦专注。

**埃里克森原则四**

**每个行为都有其正面意愿**

即便你已经接受了"你已经做了自己能做的最佳选择"这一点，你有时候还是会为"为什么你或他人会做这件事"而困惑。有时候，我们的行为看似违背了自己的最佳利益和最佳意愿："今年夏天我真的很想减肥，那为什么我又吃冰激凌了？她压力已经那么大了，那为什么我还冲她大喊大叫？为什么晚饭后我没有出去散步，而是又看了重播的电视剧《法律与秩序》？我应该更喜欢散步啊，散步会让我感觉更好。"见图7-4。

**图7-4　埃里克森原则四**

你做的选择和你改变（或抗拒改变）的能力，通常源于深层的超意识。不要把自己看作自我毁灭者，而要把行为的目标看作为了满足自己的实际需要。这对你或任何人来说都是正面的意愿！三层大脑系

第七章　基本焦点：与原则为伴

统培养出来的情绪和思维习惯似乎限制了你，然而，它们其实是战略性的幌子，掩饰了你每个行为背后的正面意愿。

你往往意识不到一个行为的正面意愿，但它其实是为了满足你当时的最大需求。照顾自己是你的内在需求，这一点一直在影响你的选择。选择甚至可能涉及生死存亡，至少你的大脑当时是这么判断的。想一想，那些看上去像是毁灭自我甚至毁灭世界的行为背后，总是存在正面的意愿，即使你自己还不理解这一点。

无论一个人是在减肥第三天吃掉了一整张比萨饼、伪造了月度报表，还是抢了银行，当你相信有一个正面的意愿指引着这些行为时，你就对这些行为有了全新层次的理解。这为你提供了一个机会，让你获得觉醒并引发积极的改变。一个人可以获得极大的帮助，使这部分思维通过更健康、更正面的行为满足自己的需要，从自我毁灭走向构建智慧。

**埃里克森原则五**
**改变是不可避免的**

你的感知系统总是在接受各种形式的刺激，不断进行调整。与此同时，外部环境也一直在回应你。结果是，你的身体不断地重塑自己。想一想这个概念——单个人类细胞只能存活大约半小时。你知道吗？读这个句子的时候，你体内大约有5万个细胞死亡，被新的细胞取代；你知道吗？骨骼每三个月就会更新一次，你每个月都会换一层新皮肤。见图7-5。

图7-5　埃里克森原则五

你的内在和外在世界一直在变化。作为对所有内外变化的回应，改变是不可避免的。这是一个持续的反馈循环。作为一个人，你有机会努力实现自己的目的、目标、人生意义。努力的本身也会带来改变。

让我们再来看一看象征着人类伸展的大"H"，做人就要像这个字母一样伸展。问题在于，在改变的时候，你是越来越接近真实的你和你希望变成的样子，还是越来越接近自己不希望变成的样子？你的生活方式是意识的选择，还是偶然的结果？随着时间的流逝，你是变得越来越愤世嫉俗，还是对生活越来越有信心？

意识与超意识一起，持久改变了你自发和潜在的行为、感受、反应。在这个过程中，意识得到了许多来自超意识的帮助。转化式教练的力量和重要性在于，它将这一点融入了计划制订的每个环节、对成果的视觉化和对意愿的沟通。

在解释埃里克森的五个原则时，我们用了五角星加以形象化。现在，我们已经分别讨论了这五个原则，并用换一个房子的比喻来说明问题，因为这些原则为一位教练创造了内心的居所或家园。见图7-6。

窗户：
每个行为背后都有其正面意愿

地基：
人们已经拥有成功所需的一切资源

主体结构：
人们本来的样子是OK的

门：
人们总是做当下自己能做的最佳选择

花园：
改变是不可避免的

**图7-6　基本原则：房子的比喻**

当埃里克森的五个原则与你的思维和内心相结合时，它们就能为你带来最宽广、最强大的内在价值，帮助你走向自我重塑。当学会把这些原则作为基石时，你就能更有效地帮助自己和他人。

把每一种情况作为一个整体去观察，就是激活你内在的资源。当你带着激情和目标有意识地使用这五个原则时，它们就会点燃对话的转化式潜能。

当你通过埃里克森基本原则的"透镜"去观察人们时，你将给你的客户带来转化式的体验，就像米尔顿·埃里克森为他的客户提供的一样。

让我们用一个简单却有力的练习来愉快地结束本章。

## 练习：太阳镜游戏

邀请一位好友和你一起做这个小游戏。对你们两个人来说，关键是让游戏的基调保持轻松有趣。

告诉对话伙伴，你会先后戴上两副不同的太阳镜，表现出两种不同的姿态和倾听方式，与他进行互动。然后，邀请这个人在谈话结束后分享他的感受。

首先，请你的对话伙伴花两分钟时间分享目前遇到的一个小困难，同时你要假装或真的戴上深色太阳镜。当对话伙伴说话的时候，你带着一种"似乎他有毛病、没能力、不正常、没救了"的态度去观察和倾听。确保这部分练习的时间很短，最多两分钟。

当你用这种方式去倾听和观察这个人，并做出相应的行动时，让你的一部分作为客观的观察者研究你们的互动。花一点时间注意一下，你是如何思考、表现、回应和感觉这个人的。在戴着深色太阳镜时，你感觉自己倾向于为对方做什么或不做什么？

然后观察谈话伙伴，你从他身上得到了什么回应？注意对方的姿势、肢体语言、手势、面部表情、语调和用词。当你带着"这个人有毛病、没能力、不正常、没救了"的态度去观察和倾听的时候，你觉得这个人会有什么感觉？这个人有没有其他行为？这次互动的整体质量如何？

当你彻底观察自己和对方两分钟后，请他停止这次对话。

注意这个练习的力量，然后至少做三次深呼吸。向窗外看一会儿。活动一下身体。喝点水，让自己恢复过来。

## 第七章 基本焦点：与原则为伴

现在，请你的朋友再次和你分享他遇到的那个挑战，但这次你要戴上浅色太阳镜。同时，你的态度要完全改变。现在，带着"他是整体的、完整的、有智慧、有力量、有能力"的态度去观察和倾听。你要将这个人视为一个天才，假装他正在学习和成长，能轻松自然地运用自己的智慧。

再一次邀请你自己作为中立的观察者或教练，来观察这次互动。请你以中立观察者的身份注意一下，你对这个人的思考、行为、回应和感觉。从这个角度上，你感觉自己倾向于为对方做什么或不做什么？

再一次观察对方。你从他身上获得了什么回应？注意对方的姿势、肢体语言、手势、面部表情、语调和用词。

你在第二轮对话中注意到了什么变化？在第二轮对话中，当你用完全不同的方式，带着"这个人是整体的、完整的、有智慧、有力量、有能力"的态度去观察和倾听时，你觉得他会有什么感觉？当你用这样的态度观察这个人时，他有什么行为？你觉得他在对话中感受如何？这次互动的整体质量如何？

当你已经获得了所有这些信息时，请对方停下来，分享他在第一轮对话（你戴深色太阳镜）中的感受和在第二轮对话（你戴浅色太阳镜）中的感受。

大多数人都会注意到，这个练习在真实世界里有深远的意义。请深入思考：你从这个练习里学到了什么？

你有没有发现，当你将对方视为"有问题"时，倾听会对他起到毁灭性的作用？

当你认为对方"有问题、不正常、需要被拯救"时，你就会想要去"纠正"他，会提出"拯救"对方的建议。

当你认为对方"有问题"时，接收方通常会从对话伙伴那里感受到不舒服和抗拒的回应。这个人可能说不清楚为什么，或者说这次对话似乎暗含了消极、批判或不支持的意思。

接收方通常会认为第二轮对话是一次完全不同的体验，因为其被视为整体的、完整的、有自己答案的人。对话伙伴通常会认为倾听是件愉快的事，觉得他最终会解决这件事，因为他是个完整的人，已经拥有了成功所需的一切资源！对对话伙伴，即倾听者来说，这个角度令人感到自由，而且很有启发性，因为他知道这个人没问题，一切都很完美，一定会实现最好的结果。

这会催生出强大的注意力和承诺，让你全力协助一个人发现自己的内在资源、为自己遇到的挑战给出答案。作为教练，你不是提供建议，而是开始提出一些能唤醒这个人内在天赋的强大问题。

你会开始注意到这个人的改变，他不再关注负面情况，而是关注自己想要的东西。这就创造了成长和发展的机会。

当问一个人这次谈话怎么样时，这个人通常会回答说，这次谈话感觉很有挑战性，但给人力量和支持，很鼓舞人心。这个人会注意到，尽管目前自己还是面临挑战，但这次对话会带给他力量，让他去信任自己，信任自己的选择。

Inner Dynamics |第八章|
意愿和注意力：连接思想、情感和行为

> 宇宙中有一股无穷无尽、难以形容的力量,
> 萨满法师称之为意愿,
> 宇宙中每一件事物都通过链接与意愿相连……
> 普通人与意愿相连的链接很微弱。
> 要使它恢复活力,
> 勇士们需要拥有精准而狂热的目的性。
>
> ——卡洛斯·卡斯塔尼达(Carlos Castaneda),
> 《时光之轮》(*The Wheel of Time*)

第八章　意愿和注意力：连接思想、情感和行为

## 我们能找到路吗？

2000年一个寒冷的下午，我在基辅结束了一个教练项目，准备前往拉脱维亚的里加，次日上午9点半我在那里有一堂课。还没有出发去机场，我就接到通知：由于飞机故障，我的航班被取消了！

乌克兰的主办方很快发现，没有其他去拉脱维亚的航班，也没有其他公共交通工具能让我及时抵达里加授课。里加的课程主办方简直要疯了，因为那儿有110位学生正翘首期盼一堂盛大的课程。

有人告诉我，我或许可以连夜从基辅开车到里加。经过匆忙的讨论、长途电话、短途电话和里加主办方的恳求，我决定开8个小时的车去里加。

主办方知道我很着急，所以他们决定找一位可以把我及时送到里加的人。他们找到了奥列格（Oleg），一位30多岁、身材粗壮、戴着眼镜的乌克兰人，他愿意开车送我去拉脱维亚。我去看了看他的车子，那是一辆保养得很好的灰色货车。他向我展示了为长途旅行准备的备胎、两箱汽油、食物和毛毯。我们谈好了价钱，然后赶往白俄罗斯的机构办理过境签证。然后，我们三个人——司机、我

和一位基辅的教练学员谢尔盖（Sergei）就出发了。

我们离开基辅的时候是晚上9点，隆冬的夜晚满天星光。根据地图，我们乐观地估计，至少要开8个小时的车。我们想"这是没问题的"。奥列格笑着说："这很轻松。"俗话说，期待最好的结果，作最坏的打算。我个人喜欢把这句话反过来——一个人必须作最坏的打算，同时努力期待最好的结果。谢尔盖和我开始做准备了。我们想象了一下自己的旅程，因为乌克兰和白俄罗斯的路况往往充满不确定性。

起程的时候，我们充满了期待，整装待发。我们做好了准备，也愿意开一整夜的车。当看到在陡峭的山坡上蜿蜒的道路时，我们毫不退缩；当倾盆大雨夹着冰雹浇下来时，我们毫不退缩；当公路变成了砾石小路，我们开上了周围几乎看不见车的高原地带时，我们毫不退缩；当雨夹雪变成了大雪，大雪又变成了暴风雪时，我们毫不退缩；甚至当暴风雪漫天飞舞，我们已经根本看不见路了的时候，我们仍然毫不退缩。

情况突然急转直下。我们发现，我们身处高山之上，能见度为零，路完全被雪掩埋，周围看不见任何车辆。这种情况让我们猝不及防。我们忽然发现，自己在暴雪呼啸的高山上孤立无援。我们开始怀疑：我们真的做好准备了吗？

司机沿着模糊的浅车辙印前进，一小时只能前进8公里。奥列格刚才一直滔滔不绝，现在却连一个字都不说了。他趴在方向盘上，脸凑到挡风玻璃前面，努力辨认前方的道路。就连雨刷也不能及时清理挡风玻璃上的积雪。后来，前车开过的车辙印消失了，我们什么也看

## 第八章 意愿和注意力：连接思想、情感和行为

不到了。谢尔盖盯着窗外，告诉奥列格"路边"在哪里。我不会讲俄语，只能静静地坐在后排座位上。这时，车停了。我们似乎撞到了一堵雪墙上。足足有5分钟的时间，没有人说话。空气中清晰地弥漫着"放弃前进"这个词。我们还能以一小时8公里的速度前进吗？

"做最坏的打算，但期待最好的结果。"

突然，暴风雪变小了，接着雪停了。这场暴风雪是突然开始的，现在又突然结束了。我们可以模模糊糊地看见路了。积雪有20多厘米深。我们停下来一会儿，只是看着前面的路。我们还是看不清路边在哪里，也找不到可以跟随的车辙印。这时，空气中弥漫的问题是"我们能继续前进吗？"，我们需要共同的勇气才能前行。

奥列格吹起了口哨，慢慢把车往前开。谢尔盖跟着曲调拍手。我也轻轻地跟着他们打着拍子，然后开始哼唱。5分钟后，当车子再度以每小时8公里的速度前进时，我们已经合奏出了美妙的音乐。奥列格偶尔会停下车，谢尔盖会下车看看路边在哪里。我们慢慢加快了速度，从每小时8公里提到了每小时16公里，再提到了每小时24公里。

我们都很开心。我们的目标是彼此照应，现在更享受到了当下简单的快乐。很快，我们开始大声唱歌，非常快活。这消除了我们之前的恐惧。一个小时后，我们到了山下，路上的积雪已经被清理干净了。前方的道路再次变得开阔起来。

我第二天早上到达了里加，觉得很累但很宽慰。对于夹道欢迎的学生们来说，我稍稍迟到了一会儿。我感谢了奥列格，感谢他高超的驾驶技能、耐心和坚忍的品质，也感谢他给我上了一堂精彩的团队合作课。

我们都遇到过这样的突发挑战。从这个典型的困境和解决方法中，我们能学到什么？当我们学会相互关心，做在当下有效的事情时，团队的巨大力量便得以显现。如果我们没有成功抵达里加，便会抱怨暴风雪。但我们能完成这段旅程的真正原因是意愿、注意力和团队合作。

西奥多·罗特克（Theodore Roethke）说过："在晦暗时分，眼睛才能看清。"这种英雄行为是我们人类的本质。在面对挑战的那一刻，不同的注意范围会产生不同的结果。注意力会指引你的关注焦点，让你能坚守目标，分享共同的风险，在困难时刻相互鼓励。你的意愿创造了勇气和愿景。通过对重要事物的注意力和对愿景的意愿，共同努力的力量会变得更加强大。你成了一位战友，成了人类大团体中的一份子。这是我们的意愿决定的。意愿创造了勇气和愿景。有了它，我们就能在混乱中关注正确的道路，继续前行。没有它，我们就无法相互帮助，无法关注正确的道路，只会垂头丧气、选择放弃。正如拉尔夫·瓦尔多·爱默生所说："人生最美丽的回报之一，就是人们真诚帮助他人之后，最终帮到自己……我为人人，人人为我。"

## 提升内在的力量

在困境中前进的个人能力是一种内在的资源，它往往被称为人类的精神。人类的精神由两种基本意识组成——意愿和注意力。意愿和注意力是人类发展的核心。使二者巧妙结合的能力会帮你实现梦想。

## 第八章　意愿和注意力：连接思想、情感和行为

发展并支持意愿和注意力的力量，正是有效的教练的基本任务。

意愿和注意力就像你的双手，用来演奏你生命的手风琴。你可能没有意识到，但你一直在创造和演奏自己设计的乐曲。随着身体、情感、方向和精神领域的共同发展，学会轻松自然地用充满意愿和专注力的双手来演奏是很重要的事，因为这里面有很多你需要注意的地方。就像演奏完整首曲子的手风琴手一样，你要学会拉伸和收缩，以便奏出动听的乐曲。

就像手风琴手一样，有时你需要先用其中一只手。比如，学习一首曲子时，你要先聚焦于一只手，靠意愿奏出特定的音符，然后有意识地扩展聚焦范围，加入另一只手的演奏，再用注意力去感受你演奏的音乐。生活也是一样，当你聚焦于培养某个特定领域的技能时，你也要给自己其余的内在世界"调音"，同时邀请愿景带你进入下一个层次。

除了先聚焦于一只手，再聚焦于另一只手，你也可以一开始就同时聚焦于两只手。与卓越的大脑系统合作，你就能养成更高级的习惯。这就意味着，你可以逐渐学会利用你的意愿，扩展你的注意范围，同时关注外在和内在的世界！思维的手风琴允许你走进内在世界，走向外在世界，在同一时刻实现朝各方向的扩展。

我们很多人面临的挑战是保持专注，不让注意力转向其他话题，比如，买新鞋、做晚饭、完成工作报告、洗车等。你有没有注意到，当缺乏强烈的意愿时，你的意识会不停地变化，你会很容易分心？当拥有清晰的意愿时，你则会变得更能聚焦，能有选择地转移注意范围，而不是随便分心，见图8-1。

当你指挥自己的意愿和注意力，演奏出最动听的乐曲时，你就像

一位手风琴手。你把手指聚焦于琴键上,让手指灵活地移动,同时享受着流淌的旋律,演奏出内涵丰富而令人满足的乐曲。你也能以相同的方式,依靠意识的两个品质熟练演奏生活的乐曲。这个方法会让你与内心的音乐产生共鸣,开发自己的内在韵律,指挥自己的内在系统,创造出巨大的满足感和伟大的成果。

想一想,你的创造力和天赋能让你同时拥有强大的意愿和注意力。当你把意愿与注意力、学习力、娱乐结合起来,并把注意力聚焦在它们上面时,你的内在成长会不断连接、扩展,持续发展壮大。

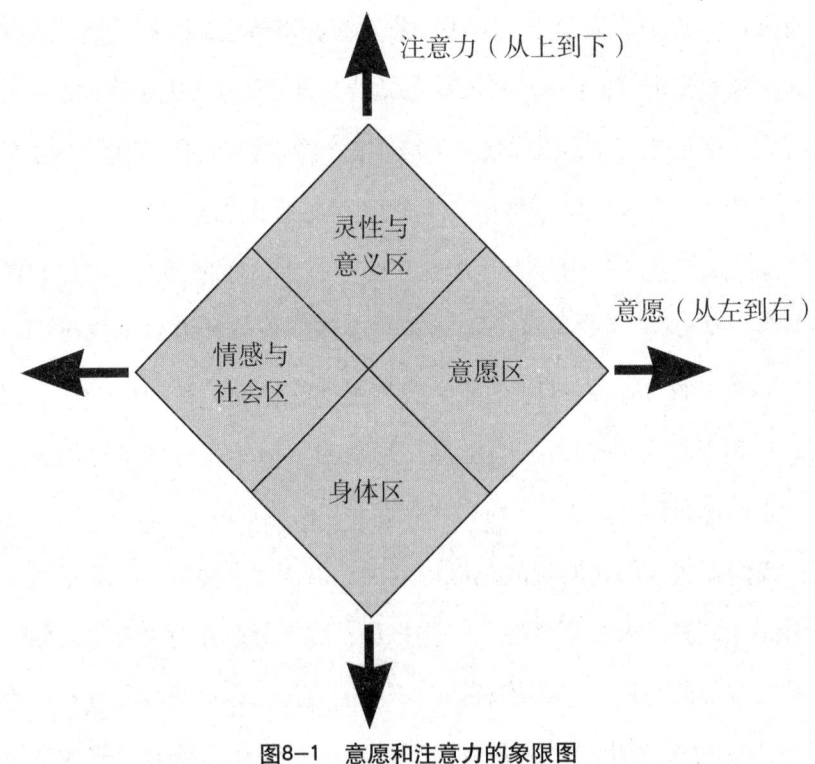

图8-1　意愿和注意力的象限图

举个实际的例子来说,试想你坐下来给好朋友写一封信。你可以想到,你对她有什么感觉,她对你有什么意义。同时,你可以写一写发生在你身上的事情,写一写未来你们的关系会怎么样。你可以完全置身当下,关注自己在写的东西,同时有意识地提升和深化你们的关系。

当同时激活意愿和注意力时,你就实现了身心合一,完全和当时写的信融为一体了。这种整合和连接产生了一种强大的流动状态,即人们所谓的"境界"。这时,你想写的词句会像施了魔法一样呈现在纸上。

现在,想一想曾经的公路旅行。你操纵着方向盘,沿着正确的方向安全行驶。这时,你的意愿聚焦于驶向目的地。但是,你的注意力涉及的范围可能很广。从发动机的声音到山谷的景色,再到这次旅行给你带来的自由和快乐,都是你关注的东西。因为关注的是这些,所以当你安全驶向目的地的时候,你内心的音乐会持续响起。如果你为即将到来的暴风雨感到失落,为前方行驶缓慢的司机感到沮丧,或是聚焦于自己本该向西开,现在却在向北开,你内心的体验就会完全不同。如果聚焦于美景,你就会感觉到更多的内在美和外在美。

现在,让我们来了解一下意识的两个关键维度的更多细节。

## 注意力

此时此刻,你的注意力聚焦于意识的垂直维度上,见图8-2。

注意力是你当下"参与"和关注的事物。关注某事的时候,你才会有深入的觉察。你可以觉察到当下的连接或内心感受的每个美妙细节。你可以完整地看到、听到、感觉到这个世界,还可以同样清楚地品味和感受自己的内在价值和愿景。

在任何处境下，关注积极方面时，你生命的价值就会开始自我表达，你就能感觉到内心深层的觉知。通过这种方式，你会体会到，自己的价值观就是一系列的情绪，比如爱、感恩、连接、和平、幸福等。这些都发生在觉察的时刻，取决于你选择关注什么东西。

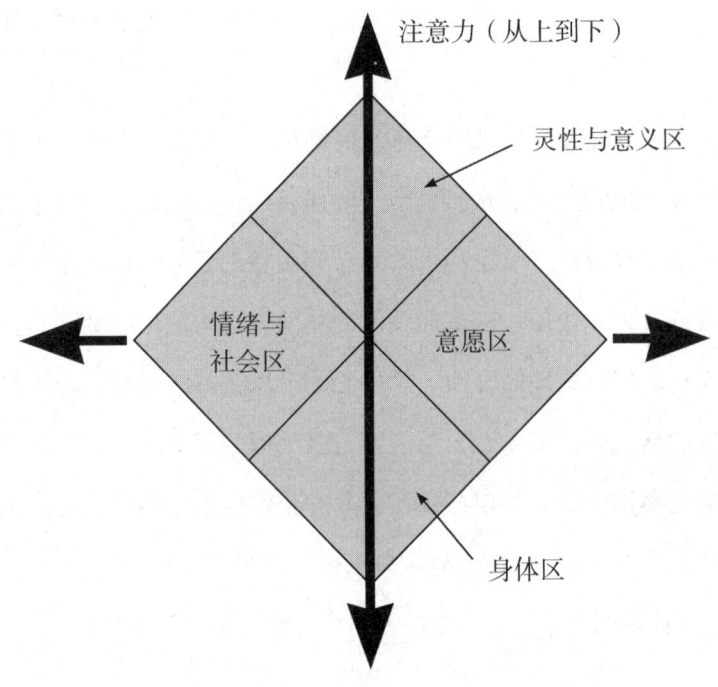

图8-2　意识的垂直维度

花一点时间回想一个特别的存在时刻。它可以是你全身心关注一件美丽或深刻的事物，或满怀感恩之心完全聚焦于一个事件的时刻；它也可以是你在创作的过程中，或关注一件让你忘掉时间的活动时，感觉永无止境的时刻。例如，你被宇宙的壮美所震撼的时刻——你或

## 第八章 意愿和注意力：连接思想、情感和行为

许注意到了绿叶上的一滴露珠，或许是和爱人的第一次接吻，或许是看到了海上美丽的日落，或许是抱着一个新生的婴儿。那也可能是你和老友的一次谈话，是你在林间小路上慢跑的时刻，或者你为孩子修理树屋的时刻。

想象一下那个特别的存在时刻，享受一下充满生命活力的感觉。当你回忆的时候，让你当下的身体体验那些感觉。

注意你的深层意识，以及你现在连接的东西的意义。你享受这个状态吗？请扪心自问：我怎么才能更经常地进入这个状态？这对我的生活有什么价值？

记住：

在生活中，无论你关注什么，你必将获得更多。

## 意愿

意愿是横向的维度，使你从当下的状态转移到你想要的状态。这是你为自己的未来做出的坚定的决定。你的意愿就是你选择为自己和他人创造的东西，见图8-3。

强大的意愿就是决定去成为、去做、去拥有对你来说重要的东西。它就像你内心的一点火花。你划亮了这点火花，去点燃内心之火。它能为你完成目标所需的能量。当你的内心之火强大而明亮时，它就会照亮你人生的方向，你也会自然而然地增强能力。

没有清晰的意愿，你的头脑就很容易被生活琐事影响，未来

的多种可能性和他人的安排就会轻易让你分心。你的情绪会给你捣乱。当你难以专注时，你就不能和自己的意愿连接，就会远离自己的核心价值。

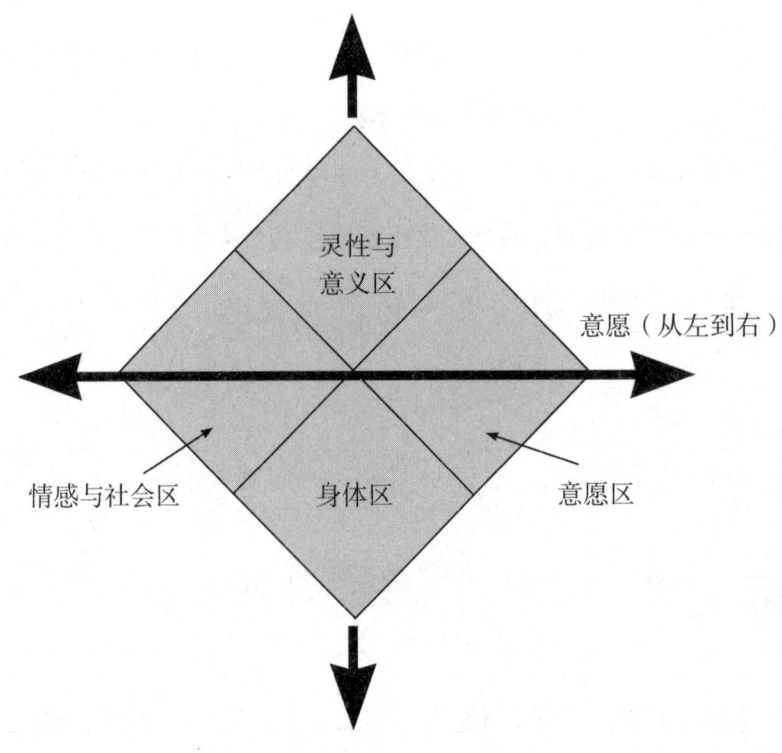

图8-3　意愿的横向维度

如果你希望专注地生活，设定强大的意愿就是做出不同的关键。当你讲出下面的话时，你就有了一个明确的意愿："当然，我会通过_____完成_____，我只需要弄清怎么做！"意愿为最终结果而定，是对最终结果的陈述。你的目标取决于你认为什么是最重要的。了解目标背后的意义，将为你提供强大的动力。现在，你可以集中自己的注

第八章　意愿和注意力：连接思想、情感和行为

意力，一步一步地采取所有能让你达成目标的行动。

## 意愿与注意力的结合

当你充满热情地宣布自己的意愿时，"思想的意愿框架"力量就会推动你有效地、有目的地采取行动，帮助你获得自己想要的东西。当你有一个足够大的"理由"指引生活方向时，管理日常的注意力就变得很容易了。如果常常想象自己已经获得了想要的结果，你就会得到激励，就会很容易关注到能帮你实现目标的日常行为。你会自然而然地思考自己已经拥有的资源，认识到自己还需要其他哪些资源，以便扩展你的网络。你会自然而然地设定目标，执行战略、任务和行动计划。你会自然而然地采取行动，去获得自己需要的帮助。你会与自身保持情绪平衡的能力相连，以目标为驱动力，直到你彻底实现理想。

另一种理解意愿的方式是把它比作运动员锻炼肌肉的决心。意愿像体力、力量和灵活性一样，也是一种多方面的能力。你可以通过不断练习和拥有强大的"理由"来维持意愿。当你的理由对你足够重要时，你锻炼肌肉的"注意力"就会变得很自然，无论这个过程有多么累人。

这也像是一位橄榄球运动员用尽全力把球传给队友。他聚焦于自己需要把球传向哪里，便调动自己的能力把球向目标扔去。如果他的意愿清晰，清楚该把球往哪个方向扔，他就能完成自己的目标。但

是，如果他的意愿很混乱，不清楚该把球往哪个方向扔，他的注意力就会被迷惑，别人就可能接不住他传的球。（当然，这就是为什么对方球员会尽力去扰乱他！）

花一点时间思考一下你的生活。像任何优秀的四分卫一样，你内心深处也有一个获得自己想要结果的清晰意愿——即使你不知道自己内心欲望的细节。当你投球和创造自己想要的结果时，你可以看见前方的目标和目标的价值。你总是以一种简单的方法实现目标：先走一步，再走下一步；先实现一个目标，再实现下一个目标。这就像你带球跑完全场，触地得分。

如果你以伟大的运动员为榜样，或以世界上其他顶级大师为榜样，就会发现自己拥有了一个长期目标，然后聚焦于一步一步去实现它。注意力和意愿强有力地联合起来时，没有什么能阻挡你实现目标。在说"我当然会通过_____做_____，我只是需要知道怎么做"时，你就走在了正轨上。对目标的专注保证了你会找到方法，因为宇宙会为你指引方向。

像所有伟大的运动员一样，如果你邀请一位训练有素的成果导向教练帮助你，就能学会放松自己，享受自然浮现的循序渐进的策略思维，它会告诉你如何实现目标。有了教练的帮助，你将学会评估多个目标和可能的选择，学会通过设定意愿发展和实现自己的目标。

要实现意愿和注意力的结合，你需要做很多练习。要高质量地实现重要目标，意愿和注意力的结合是必不可少的。和个人教练一起，你将培养设置优先要务、围绕优先要务安排目标和完成目标的能力。

# 第八章 意愿和注意力：连接思想、情感和行为

当你培养出意愿和注意力结合的强大、灵活、有力的"肌肉"后，你就可以开始进行大师游戏了。

当你锁定目标时，总有两个维度在共同发挥作用。要在生活中创造广阔的成果，你就必须学会进入并享受当下的状态。这是注意力的甜蜜领域。接下来，你要培养追求目标的肌肉——通过有力地宣布和规划你的意愿，聚焦于你想要的结果及其产生的价值。

## 练习一：意愿和注意力

下面是一个同时运用意愿和注意力的实例，你可以用它来实现任何目标。

### 注意力

花一点时间聚焦于自己的身体。请注意，在完全意识到自己的身体和感觉时，你的大脑就能聚焦于当下的时刻。这样做的时候，请注意，此时此刻的你可以完全关注并觉察到，有一根垂直的线穿过你的身体，从脚底一直通向你的头顶。或许，你可以让自己的意识从脚到头扫描一遍，强化这种感觉。

接下来，你会看到这根线伸展向更远处，或许到达了价值观的空间。换句话说，记住你珍视的东西，同时感觉自己身体中的这根线。现在，把这些意识融合到一起，或许是以一道光的形式，或许是以一

条从感知领域（身体区）通往你生活目标和最高价值（灵性区）的彩带。这样做的时候，注意把从"脚底"的感知到做人的"最高价值"都连接起来了。

在想象这种连接的时候，注意你是如何把生命的意义和自己的身体连接起来的。你正在把深层目标与你对所爱事物的体验连接起来。注意你是如何沿着身体中心的线感知这个价值维度的。例如，调整呼吸，想象一道美丽的光线穿过自己的身体，连接到最甜美的价值观和整个生命绽放的愿景。

这是注意力的垂直维度。现在，在你专注地想象自己的价值观和生活目标的同时，你仍然能够意识到，你的意愿在把它们带向未来——扩展目标，获得结果和未来的能力，做出贡献。接下来，这些东西也会整合进来。

### 意愿

花一点时间，想象你在某个领域里有一个目标，比如工作目标或自我发展目标。你有意愿在接下来几个月里取得成果。接下来，想象一下这个计划完成时的自己，以及会从中受益的其他人。（比如，我想象着世界上所有人都运用这种觉察练习，并从中获益。）

现在，把这个成果沿着时间伸展开来。看一看你的利益相关者，那些从你的计划中获益的人，把他们的成果继续向远推，使之进入他们的生命。看着它继续向前发展，或许发展到5年之后。看一看5年后的他们，看到他们收获如今努力的果实。

这个横向的维度是你的时间线。看一看这条时间线，注意你过去的观点已经和现在连接起来了，一直通往光明的未来。观察意愿在横向维度上的扩展，观察你对时间和能量的聚焦。

## 练习二：将两者结合起来

你已经熟悉了意愿的横向维度，现在再加上注意力的垂直维度。当你享受体内的"当下"意识时，请注意，与精神相连的"当下"意识正在向上延伸。当你享受这幅图景和与此相关的感受时，请注意，你正在培养一种将心灵与思想相连的能力。

通过自然而然地同时聚焦于注意力和意愿，你正在练习"四象限"的觉察能力。请参见前面的图8-1，生命体验的四象限分别是：专注力、身体、情绪/社会、灵性/意义。用你的心灵之眼，把这个菱形想象成一个可以变动的形状。请注意，所有这些区域都在伸展和收缩，就像呼吸一样。当你在四个维度上聚焦于一个计划时（尽管可能有一个维度特别突出），你就增强了自己满足这些区域的能力。同时，你会充满激情地去实现目标。结果是，你得到了平衡且和谐的满足感和成就感。

## 练习三：给视觉化图景增加动作或韵律

如果你能重复这些练习并通过添加新元素来丰富练习，这会非常有价值。

米尔顿·埃里克森将个人发展比作从雪坡上扔下一个结实的雪球，看它不断获得力量，不断变大，最终形成一场雪崩。这就是所谓的个人改变。你把自己的愿景投射到未来，锁定真正的价值发展，然后，当你重新回到这个愿景时，将会看到它在你眼前不断成长。

回到你的内在世界，注意意识的两束光或两条彩带——意愿和注意力。当你聚焦的时候，它们在你内心交汇。

现在，给你的视觉化图景增加一些运动。确定一个适用于你的场景。比如，你可以想象自己在扔一个球时设定了一个特定的意愿。当你聚焦于自己强大的意愿，同时感觉扔球的强大韵律时，感受一下自己内心扩展的感觉。

再一次回到视觉化图景上来，给韵律/运动加入你内在的确定性和意愿价值的明晰度。当你转向扩展意识，并与这种扩展相连时，享受自己内心火焰的温暖。

---

**意愿+注意力＝精通**

---

请注意，这个练习具有长期的效力。因为，随着意愿和注意力的联合，你对自己追求的大师般的精通就变得更自然、更轻松了，见图8-4。

第八章 意愿和注意力：连接思想、情感和行为

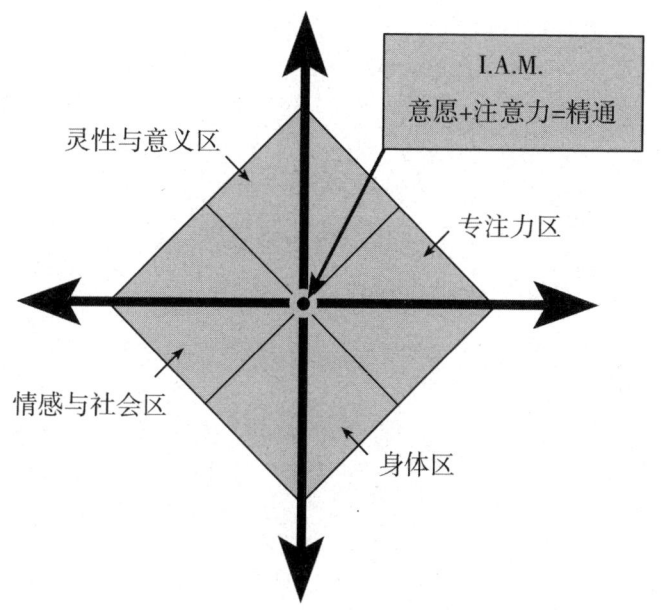

图8-4 我是……（I.A.M.）

通过想象自己获得了想要的东西，体验当下达成结果的感受，随着计划的逐个完成，看它们在你脑中不断成长，发展就这样实现了。

# Inner Dynamics |第九章|
## 身心幸福的召唤

许多人错过了属于自己的幸福,
不是因为没有找到它,
而是因为没有停下来享受它。

——威廉·斐勒(William Feather)

第九章　身心幸福的召唤

## 真正幸福的含义

你有没有听人说过"我只是想要幸福"？幸福和追求幸福或纯粹的快乐，是我们生命中的基本焦点。事实上，追求幸福的真实经历是所有转化式教练对话的核心。

我们首先想一想孩子眼中的幸福。孩子的幸福观非常情绪化，而且充满了激情。然而，很多人成年后很久还认为幸福就是在童话般的世界里"从此过上幸福生活"，认为有一个平安、富足、浪漫的地方"在某处"等着他们。"幸福"这个词与幻想的高品质"生活故事"联系在一起。我们听说过"公主"和"白马王子"的历险，也问过："从此过上幸福生活"究竟是什么意思？

如果我们翻看谈论幸福的古老故事，就会发现这些有教育意义的故事教给了我们更实际的理念。古希腊对"幸福"的定义是"充分发挥你的能力，朝着美好的目标努力"。在很多教义中，我们发现幸福被描述成了一种内在体验，一种通过做贡献获得的内在回报。显然，我们能看到，真正的幸福比孩提时童话般的幸福要大得多。

幸福是一种潜在的觉察，深藏于每一次转化式教练对话中。大多数人都希望多获得一些幸福和真正快乐的生活体验。想象一下,无论你的世界里发生了什么,你都能选择真诚、深刻、充满爱的状态,那会是什么样子。想象一下它能带来的真正的快乐。想象一下把这种状态和你周围的人分享。

当你把幸福作为礼物送给他人的时候,你的生活就真的开始发生持久的变化了。这是人类对话背后的深层渴望——像大"H"一样挺拔地站立,向外和向上伸展,伸向所有的可能。我们是人(Human),我们天生就拥有幸福(Happiness)。

## 等待幸福

你有没有注意到,大多数人不知道如何在当下获得幸福。他们不知道如何真正停下来,获得幸福的体验。大多数人面临的巨大挑战是培养创造目标的能力,以获得长期的精通,同时在与他人分享成功、挑战和经历的过程中体验快乐。在这趟旅程中,我们需要和他人共同面对挑战,共同分享经历。幸福就在这些时刻产生。

很多人告诉自己,他们会在大学毕业、研究生毕业、升职后放松下来,花时间享受生活。这张清单上有无穷无尽的延期执行的事件:

- "等孩子长大我就会幸福了。"
- "等房贷还清我就会幸福了。"
- "一旦生意好起来,我就会幸福了。"

> - "等退休后我就会幸福了。"
> - "等我更有自信我就会幸福了。"
> - "减肥9斤后,我就会幸福了。"

最后,这个人在80岁时突然觉悟,发现自己享受幸福的机会已经一去不复返了。正如约翰·列侬(John Lennon)在歌曲《美丽男孩》(*Beautiful Boy*)里唱的一样:"生活就是你忙着做其他计划时发生的事。"

## 培养幸福的I.A.M.公式

> 大多数人都在寻找幸福。他们到处寻找,试图在自己之外的某人或某物那里找到幸福。这犯了一个根本的错误。幸福就是你现在的样子,幸福源于你想问题的方式。
> ——韦恩·戴尔(Wayne Dyer)

世界上一次又一次的访谈和一次又一次的研究证明,认为自己很幸福的人,提升和体验欢乐的范围更广。研究表明,幸福的人和幸福指数很低的人是不一样的。幸福的人可以在生活中的许多方面找到幸福。在普通的一天里,幸福的人能在不同的幸福领域转换,使他们的兴趣、投入和对世界的贡献最大化。

I.A.M.公式与幸福状态紧密相连。无论外在世界发生了什么,那些能与幸福状态连接的人都会表现出获得快乐的意愿，专注于获得快乐，并最终体验到快乐。

---

**获得幸福的意愿＋对幸福的注意力＝体验到幸福**

---

幸福是一种身体、情感和意愿综合的意识状态。幸福的人养成了一种重要的习惯，每天去注意四个让自己感到幸福的意识区域。在生活中的不同领域取得平衡，包括身体、情感、意愿（智力）和灵性领域。在进入这四个幸福焦点之前，让我们先提出一个问题：为什么有些人比其他人更难获得幸福、感受快乐、体验生活的神奇？

我们关注幸福的四个关键领域是：身体、情感、意愿和灵性。

或许原因之一是，有些人认为与幸福或快乐相连的关键领域并不重要，也不愿意每天为了所有这些东西花时间。很多人只是习惯性地把幸福这个概念与生活的一两个关键领域联系起来。例如，他们会说："我唱歌的时候，和孩子一起玩的时候，吃巧克力蛋糕的时候，在大自然中散步的时候，下班休息的时候，坐在塞浦路斯海滩上的时候，和最好的朋友聊天的时候……我很幸福。"所以说，很多人只能感觉到一两种幸福。他们把幸福割裂开了，没有完整地体验丰富的生活，也就无法体验其他领域的幸福。

我们不能从自己拥有的东西或即将发生的事里找到幸福，也不能从我们期盼的未来里找到幸福。幸福总是存在于"当下"，也只能存在于"当下"。它存在于我们当下生活的深层意义中。

## 第九章 身心幸福的召唤

## 幸福商数

你对幸福的定义是什么？你怎么知道自己什么时候获得了真正的幸福？

从四大焦点来看，真正幸福的人拥有一些独特的品质。让我们先花一点时间，整体考虑一下这四个幸福领域。

- 想一想，你在这个星球上生活的目标越独特，你就越容易进入幸福的状态。真正幸福快乐的人会持续关注自己的生活目标，朝着符合自己本性的方向前进。这或许是一个逐渐发现的过程。这个过程的关键在于，与自己真正的本性相连。
- 真正幸福的人会注意到满足和幸福的区别。他们聚焦于自己的幸福（包括健康、成就、财富、拥有的东西、活动等），聚焦于自己值得拥有和值得向往的东西，而不是只聚焦于能给他们带来愉悦的东西。
- 他们意识到幸福来自对他人的贡献。贡献点燃了他们的幸福之火。
- 他们为自己当下拥有的一切而感恩，为生活而感恩。他们超越了对单个事件的质疑，进一步探索生命的深层意义。

我们都渴望创造出能传承下去的遗产，希望我们留下的独特礼物能改变世界。只有认识到意义和价值的交汇点，我们才能留下丰厚的遗产。这带我们进入了四大幸福领域的核心，使我们拥有了完整表达的可能性。这时，我们会意识到，我们需要当下就获得幸福。这不仅仅是一种内在状态，还是一种对世界的回应。对我们很多人来说，还有一个大问题："我如何在当下获得幸福的状态，并使它成为一种持久的内在意识？"

## 智商、个商、情商和群商

当你平衡地觉察到这四个焦点时，真正的幸福就会变得鲜活起来。我们可以把这四个领域称为四个幸福商数：智商（IQ）、个商（MeQ）、情商（EQ）和群商（WeQ）。

什么是IQ、MeQ、EQ和WeQ？在和世界上许多人的交谈过程中，我发现，人类的一个重要欲望就是组织和实现结果，其中包含四大关键领域的幸福：

> · IQ=有意义的创造性生活带来的幸福。
> · MeQ=物质成就带来的幸福。
> · EQ=帮助他人、与群体建立深层连接带来的幸福。
> · WeQ=对生命感恩、发掘生活深层意义带来的幸福。

这些领域就像透镜一样，从不同角度观察幸福。这四个透镜构成了一个系统，聚焦于外在世界和我们的内在世界。图9-1阐释了四个领域的重要性。

## 第九章 身心幸福的召唤

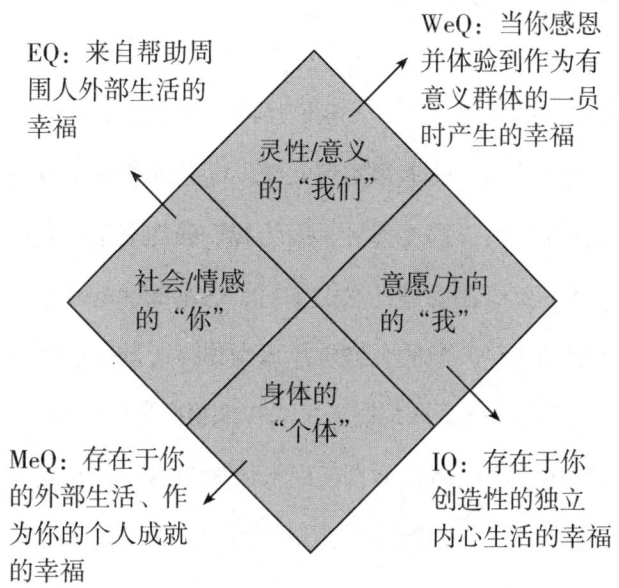

图9-1 幸福的四个透镜

这些聚焦领域给我们带来了真正的人生任务。幸福就是完成这些有意义的任务的结果。相互连接的大脑系统让我们关注完成每个领域的任务，毫不偏废。我们的意识可以在不同角度之间切换，使我们既能关注他人，也能关注自己。这样，我们就能了解所有这四个领域的重要性。"我"（I）是意愿领域，"这"（This）或"它"是身体领域，"我—你们"（I-You）是社会领域，"我们"（We）是精神领域。通过这四个透镜，我们可以探索人们是如何体验幸福的。

## 幸福的四个大脑系统

不管有些人选择相信什么，我们所有人都拥有巨大的幸福潜力！我们可以运用一个简单的幸福实现系统，帮助人们实现真正的幸福人生或"完整人生"。你需要聚焦，因为我们只能在当下获得幸福。这就意味着，我们每天都要进行意识练习，这种练习是从感谢自然生命发展四个领域的区别开始的。通过深入身体—大脑—思维系统的不同区域，你可以学会灵活地获得快乐、爱和幸福商数的能力。

我们可以迅速摆脱紧张和自我贬低的旧习惯。你可以学会经常进入幸福快乐的状态，开始把这个真正的潜力作为你的自然传承。你还可以帮助别人做到这一点。

令人高兴的是，我们可以在生活中任何时候做到这一点。大脑核磁共振成像研究清晰展示了，人们可以在任何年龄段发展出新的脑部结构和功能。在多次实验中，对学习各种技能（如冥想）的人的大脑扫描显示，当他们谈起在几周内的宁静体验时，他们的大脑和思维形式呈现出了明显的发展，通过核磁共振成像可以看到这些变化。在一个多月的时间里，他们大脑核心区域的结构和功能确实发生了变化。他们对自身体验的描述也清晰表明了，这些变化非常有助于他们每天获得幸福感和宁静感。我们所关注的东西，在我们内心得到了深化和发展。

让我们通过身体、情感、意愿、精神透镜这种幸福框架，简单地探索一下这个发展过程。想一想，每个大脑结构对幸福的"想法"都很不同。

## 第九章 身心幸福的召唤

- 身体方面，爬虫脑/本能脑使我们在这个世界上获得某件东西时注意身体感觉、放松和其他幸福的结果。
- 情感方面，哺乳脑（边缘系统）使我们注意和喜欢的人在一起的特殊时刻的重要感受。
- 意愿方面，体积更大、拥有灵活聚焦能力的大脑皮层使我们有意识地、创造性地想象自己想要什么，去设定目标，并做出相应的计划。
- 灵性方面，一致性思维或一致性系统使我们在做这些事时体验到"自己是更大系统一员"的强大感受。

要把所有这些方面纳入一个相互连接的系统，我们就要运用充分开发的全脑整合能力。我们是"人类（Hu-man）村落"中的一员，人类村落的整体力量大于部分之和。我们扩展与整合人类潜力的强大能力也是如此。

当这些相互连接的系统达到最大程度的合一时，我们就可以扩展和享受生活中的阴阳两极，对存在的任何阶段心怀感恩。我们可以练习对系统报以深深的感恩，可以通过一个中央源头体验到这种感恩。在这个完整的空间里，我们会注意到全部的合一体验是如何赋予我们生命以意义的，每个人以不同的方式体验到这种意义。这种合一的发展构成了幸福的生活。

## 对创造持久幸福的深入观察

如果我告诉你,你可以用成为一名好司机的方法培养出包含四个领域的持久幸福习惯,你会不会感兴趣?让我们总结一下这四个关键领域,看看我们为什么能培养出幸福的习惯?

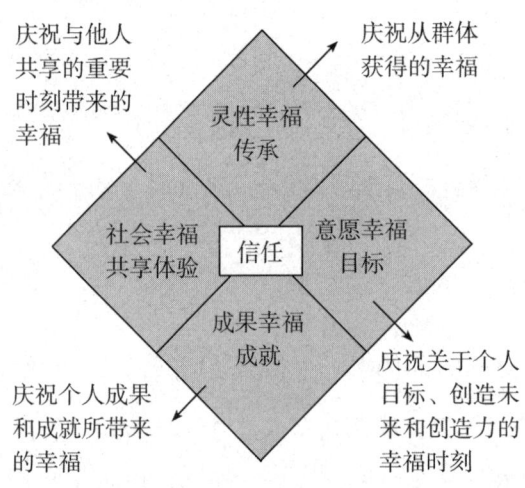

图9-2 培养真正幸福的四个源泉

第一步,我们可以学会庆祝任何一个关键领域的幸福。这四种幸福有不同的时间框架,指向你生活的不同方面。你需要真正聚焦于每个领域,才能感觉到幸福。

第二步,是把它们联系起来,每天在它们之间移动。这样,一个领域的幸福就能点燃另一个领域的幸福,所有领域的共振就能转化成你和他人共享的温暖。这就意味着,我们可以培养一种日常习惯,将这些领域连接和融合起来。

## 第九章　身心幸福的召唤

如果你只聚焦于掌控一到两个领域，你就会很少有时间去关注并真正参与持久的幸福。持久的幸福需要福佑和自律。要体验持久的幸福，我们就需要每天都将注意力从自己转向他人和社会群体，从探索特殊的时刻发展到探索深层的长期投入。通过意愿和注意力相结合的方式，我们能把幸福请进普通的日常体验。

单独来看，每个焦点都很容易变成一个给生活催眠的透镜。所以，我们要先检验一下四个领域的特点。你可以培养一种连接和融合四个焦点的日常习惯。它的起点在哪里呢？

### 意愿/创造性焦点：目标

首先，你追求的可能是创造力连接的幸福。换句话说，你为自己接受、发展、维持的想法感到幸福。这就是意愿/创造性的幸福。创造性的幸福是一系列创造性时刻的个人体验，是对你生活目标的表达。你与自己的个人愿景相连，根据资源主动设计一个愿景，这种主动性将推动你走向令人激动的未来。

对于那些以封闭的身份体验这种幸福的人来说，这些想法非常吸引人，使他无法以其他方式生活或与生活连接，这是消极的一点。为了防止智商（IQ）掌控你的生活，防止"我"的观念占据中心位置，庆祝公共价值就变得很重要了。这样，创造性的快乐时刻就不再只是你的个人经历了。

### 结果焦点：成就

其次，你追求的可能是一种个人物质层次上可行的幸福，也就是说，你会为获得某个物质上的成就而感到快乐（个商，MeQ）。这是物质成果带来的幸福。就其本身而言，这是一种孤立的体验。因为，人们为自己的成功或成果短暂地感到幸福之后就继续去努力了。在某个成功时刻，你会对当下的自己和成就表示肯定。你会说："我做成了这件事！是的，我做到了。是的，我有能力。是的，我现在完成了。"你关注的是结果，"这"或"它"吸引了你的注意力，然后你就会继续前行，这个成果则变成了你个人经历中的一处遗迹。那个幸福时刻短暂地创造了一个光环，那是你内心的光芒，是一种有成就的满足感。问题在于，当你做下一件事的时候，这种快乐还能持久吗？

就身体而言，如果身体的幸福得以持续，这种成果就会帮我们保持内在的幸福状态，而这种状态会自然带来运转正常的生活。长期保持身体的力量，会给我们其他方面的奋斗带来力量。

### 社会焦点：共享体验

再次，你可能通过与他人交往、帮助他人满足需求或与他人合作完成一件事来追求幸福。就像创造性焦点一样，社会焦点也包括实现一个目标，只不过现在是几个人或团队一起来实现目标。你通过帮助他们来做出回应。你通过情商（EQ）的透镜去观察，你的注意范围包含了"我—你们"的视角。这是一种社会幸福。你的帮助使他人获得了成果，你为集体的成就而感到幸福。作为一种共享的体验，社会幸福是体验性的，非常短暂，但充满了激情。它涉及多人的聚集和连接。

在真正的分享时刻，每个人的内心都受到了触动，每个人都体验到了那一刻或共同努力的力量和快乐。然而，这种快乐很容易就会被遗忘。特别是当你认为成果是他们的幸福，而不是你的幸福时，你就会觉得幸福消失了。这种情况有时发生在孩子与父母身上。例如，父母希望孩子获取的东西，孩子其实并不喜欢，但他会为了让父母高兴而努力争取。有趣的一点是，幸福的状态常常需要被点明，需要众人围绕。人们需要得到鼓励，才能进入当下共享幸福的深层状态。

长远看来，为你的生活增加更多的社会幸福，可以改变幸福时刻的价值。当你分享体验、和他人连接的时候，幸福的人际关系就会为你创造内在的满足感。你通过互惠的给予和接受与他人连接。给予是一种快乐，接受也是一种快乐。强大的"我—你们"视角与其他视角获得平衡，使你从个人的角度与这种体验连接起来，将自己视为集体的一部分，而不是集体之外的人。这创造了一种平衡、连接、完整的生活。

当你与他人分享愿景、让自己和他人感到荣耀、带着目标努力前进、用有意义的方式拥抱整个生命时，你就会发现，自己在最深的层次上被他人全心接纳了。当你体验到这种幸福时，你会相信还有更多的这种深层连接，并带着这种信任继续前进。围绕在这种状态周围并活在这种状态中，会再一次为你带来更多的这种状态。

## 灵性焦点：传承

再次，你可能通过感恩生命和为群体做出贡献来追求幸福。这就是灵性领域的幸福。我们更多地称它为传承幸福。就像成果幸福一样，你可能轻易忽略它。你可能只看到了他人的幸福，而不去庆祝自己的行为的力量，不去庆祝你的贡献带来的潜能。

在这个世界上，最重要的是释放快乐，就像人们共享的泉水一样。我们需要真正参与到"我们"的欢庆当中，把它强有力地带进我们的生活。传承幸福可以被视为长期深层状态改变的原因。在这里，你聚焦于长期效果。由"我们"视角引导的结果逐渐显现，激发出了一种独特的幸福体验。它整合并超越了个人特质的"我""你"或"这"。它就像合唱时每个歌手体验到的快乐一样。当每个人都允许"我们的力量"（our power）进入他们的歌声时，每个人都会变得更有活力。想象自己像大"H"一样挺拔地站立，让自己内在的幸福向外延伸，与你周围的每个人和每件事物连接起来！体验"我们"的真正幸福感，是一次震撼而难忘的经历。

在这个领域中承诺维系一件事物，会让你产生深深的满足感。它通过一种支持所有幸福形式的内在意识，与其他三种形式的幸福分别结合在一起。

由于拥有支持的力量，传承幸福不再是单一的幸福特质。它变得系统化了，成为一种"传承方式"。这就意味着为组合和整合其他三种形式的幸福寻找可能性。我们在头脑中想象为后人种植果园。如果你能清晰地想象并构建未来，同时对巨大的真正潜能保持开放态度，你就有机会做出更大的贡献。

## 练习：扩展幸福

让我们花一点时间来扩展和培养你的幸福习惯。

做一次深呼吸，让自己想到身体焦点以及你的成果幸福。想象你的身体充满活力。想象你是全身心融入大"H"（Hu-man）之中。当你这么做的时候，注意你的触觉、听觉、味觉、嗅觉、视觉等所有感官，注意它们传来的深层的快乐。

现在，当你想到自己在这个星球上的目标，以及你实现目标的清晰意愿时，与你的创造性幸福连接起来。

请注意，你可以轻松自然地体验社会幸福，与他人共享体验的幸福。注意你与他人温暖地连接在一起。

最后，当你意识到自己的价值和生命召唤的愿景，并和它们结合在一起时，体验一下精神幸福、你的传承幸福。

花一点时间，回忆一下图9-2。拓宽你的视野，注意这四个领域是如何有力地相互连接的。接下来，想象自己踏进整合的四个系统意识的中心，踏上你称为"信任"的那一点。我们需要信任自己，信任他人，信任当下的潜能，信任我们在这个世界上发展自己的机会。这会为奉献幸福提供能量，从而扩展你的幸福潜能。

请注意，当你考虑如何为他人的幸福做贡献时，与这四种幸福形式相连的感觉是如何扩大的。

现在想一想，如果你信任这种相互连接的能量，而且每天都能体验它，你的生活会是什么样子？你又会是什么样子？你会提供什么价值？你的这种信任会影响到谁？

请花一点时间做这个练习，现在就开始吧。我和你击掌欢呼，为你送上祝福！

Inner Dynamics |第十章|

英雄之旅：你生命的召唤

幸福的秘密不在于做自己喜欢的事，
而在于喜欢生命召唤我们去做的事。

——无名氏

第十章　英雄之旅：你生命的召唤

## 英雄般生活的愿景

　　花一点时间回想一下你的童年。你最喜欢的故事是什么？奇幻故事？冒险故事？梦想成真的故事？孩子们对冒险故事感同身受，能体会探索生活的感觉。有趣的是，在读那些通常让孩子高兴的故事时，我们会发现，故事情节往往是关于一个人追随"拥有鲜活生命"这个深层目标的。我们会发现，故事中出现的英雄常常说出我们"发现自己是谁"的真切渴望。我们需要全身心地投入转化式对话。

　　让我们回到本书的核心主题——转化之旅。我们已经探讨了转化式对话的力量，它加深了我们实现生命之旅的能力。现在，让我们回到转化式对话上来，看看它对培养幸福有什么意义。"拥有鲜活生命"是生命的一大主题。这个目标点燃了我们与自我发展故事深入连接的火焰。孩子脑海中英雄式的幸福生活与转化式对话有什么关系呢？

　　最打动人、最鼓舞人的故事的核心思想通常是，一个人为了获得幸福，需要清晰聚焦并采取行动，完成生命的召唤，无论这个召唤是什么。根据这些故事，你的人生任务非常简单：探索如何很好地实现人生意图，并采取行动追求这个意图；同时，通过探索你"生命的召唤"的潜能，开始实践为自己和他人创造幸福的艺术。

## 英雄之旅

英雄之旅的核心思想是，以奉献和大师般的参与为起点，带领你实现真正的幸福。英雄之旅的故事清晰描述了英雄的个人发展，描述了他在全身心投入生活和与他人相处的过程中，超越了自己的期望和极限。我们听到了一个人的性格、身心合一、自我认识和信任是怎样培养起来的故事。他可能是勇士、救世主、冠军或领袖。他可能在面对内在或外在困境时做出了庄严的承诺。我们看到了他们遇到的挑战和学习的过程。通常，我们会跟随英雄一步一步走过精彩的旅程。想象一下，你逐渐展开的故事中有以下步骤：

（1）英雄面临挑战。首先，英雄一开始就面临挑战。他面临的惊人事件或挑战让他觉得自己必须出发了。生命推动着他面对挑战。宇宙为他提供了一份独特的"任务"——一次请求，而我们的英雄接受了这次机会。我们可以在世界上所有伟大的文学作品中找到绝佳的例子：荷马的《奥德赛》、圣经人物（如亚伯拉罕或大卫）、20世纪流行文学（如托尔金的《魔戒》三部曲或C.S.刘易斯的《纳尼亚传奇》）。这些故事中的英雄都是被迫开始行动的，不管他们愿不愿意。

（2）英雄的承诺。旅程刚一开始，进一步的挑战就出现了。我们的英雄表明了立场，说出"我会做到的"，并宣布了他的承诺。他开始经历内心的改变，培养出勇气、适应能力、韧性和其他领导者需要的品质和力量。渐渐地，他的信念变得更加坚定，他们不可避免地跨过了内心的门槛。我们的英雄开始相信自己的能力了。

（3）英雄接受考验并寻求帮助。接下来，令人不堪重负的挑战出现了。经过痛苦的考验后，英雄学会了寻求帮助。他寻找或跟跄着经过一个个愿意提供帮助的守护者或助手。有些人回应了召唤。我们的英雄学会了，即便是面对逆境，也要信任自己和他人。

（4）英雄找到了导师。无论出现的是内在恐惧、外在恐惧还是小妖，它们在挑战之初看起来似乎是邪恶的。英雄学会了应对困难，最终把困难变成了有价值的资源，用于自己的征程之中。如果遇到的是小妖，他会成功窃取小妖的力量，甚至把小妖变成自己的导师。

（5）英雄开发资源。在遇到小妖或恶魔时，英雄获得了资源，培养出了打败小妖或恶魔特殊的技能和工具。他发现了自己的优势，能力得到了提升。我们的英雄拥有了资源，并把资源带回来帮助他人。

（6）回家。故事的结尾是一场真正的庆祝会。英雄回到家里，所有的人重新聚首，欢庆胜利。英雄已经战胜了所有内在和外在的挑战，在许多层面上都实现了成长，最终为他人带来了真正的奉献。结果是，每个人都皆大欢喜。在英雄之旅中，四种幸福感都得到了提升。

## 你自己生活故事里的英雄

如果你开始谱写、想象或重新书写自己的故事，把它写成一次英雄之旅，这次旅程会是什么样呢？你会成为什么样的人？你的价值观

唤醒沉睡的天才：教练的内在动力
Art & Science of Coaching
Inner Dynamics

会是什么样？你会展现什么样的技能？你会如何行动？你会对谁的生活产生影响？如果这是一部电影，它可能是什么样子？

在你的生活故事中，你就是英雄。从某种程度上说，我们都生活在神话中。

如果你的幸福商数包含了为所有人而努力，那会是什么样子？花一点时间想象一下你的生活故事，想象自己的生活核心是真诚深切的奉献之心。这会带给你什么样的价值？

研究表明，奉献能给人类带来极度的快感，它和做爱、进食激活的是大脑中同一片兴奋区。奉献和服务带来的回报感，很像体验爱的感觉。你能不能设计一个"自己的成功引起集体的成功"的故事呢？

探索这样的场景会让你考虑扩展自己的目标和愿景。知道自己的幸福能让周围每个人都感到持久幸福，这就是生活慷慨给予你的额外收益。你或许会因为这一点重新考虑日常生活的专注点。请注意，任何能克服困难和实现内心渴望的方式都值得尝试，因为这会对你目标涉及的所有人都产生积极的影响。

## 解释大"H"

英雄之旅展示了如何自然地充分利用你的大"H"力量。请注意，在这些故事里，我们讨论的幸福状态主要是朝着精通发展的内心之路。英雄掌握和培养幸福的旅程是一次持续的请求，是一种发展觉知的充满活力的状态。

## 第十章　英雄之旅：你生命的召唤

当你浏览内心的历程，或者开始描绘自己的英雄之旅时，哪些要素会一步一步地显现出来？再次探索一下这些要素在你生活中是如何分布的。

- 你受到了召唤。
- 你探索接受召唤所需的高级能力。
- 你在自己内部寻找这些高级能力，以便接受召唤。
- 你开始触及并培养这些内在的能力。
- 你测试并学习这些能力，直到你能很好地运用它们。
- 你学会如何保持这些能力。
- 你把这些高级能力传递给他人。结果，每个人都感到了幸福，大家的生活都变得美好了！

请注意，我们正在描述的是奉献的步骤，聚焦于精通是一个关键的起步定位。它位于"体验人生多个领域中的幸福"的核心位置。

## 精通与幸福

教练的一个关键概念是，任何对精通的聚焦都会逐渐引出人们生活的意义和快乐。对任何人来说，要跟随内心的召唤、树立目标、开展英雄之旅，精通和自我发展都是很重要的。

请注意，这次旅程是你私人的。在培养个人精通的时候，只有你自己才能选择如何体验和表达内心的快乐。只有你才能把幸福的能量传递给他人，让大家分享这种状态。

人们都希望，如果他们在某件孤立的事情上努力工作，他们就能获得幸福。因此，如果奉献和精通是他们唯一的努力焦点，他们很可能无法达到幸福的状态。我们需要玩乐，幸福需要在那样的时刻降临。

我们需要把幸福的四个领域融合、连接起来，这样，生命之旅才能时不时地提供燃料，点燃我们内心快乐的火焰。正如英雄的故事一样，体验把握幸福的方式就像第九章讲述的四个关键领域一样。简单来说，英雄需要发现自己在四个领域的发展优势。这四个领域包括意愿幸福（创造性表达）、成果幸福（身体成果）、社会幸福（情感的积极因素）和灵性幸福（生命意义的发展）。他还需要培养出持续进入这些领域的能力。当智商（"我"意识）、个商（"它"或"这"的意识）、情商（"我—你们"的意识）和群商（"我们"的意识）这四个领域取得平衡时，英雄就能体验到最大的回报。

## 庆祝幸福状态

回忆一下众多英雄之旅结尾处描述的庆祝场面。随着英雄获得的精通状态被大家分享，被传递给他人，整个系统都会体验到幸福的状态！在这些故事里，幸福被视为人生大冒险中很自然的一部分。

请注意，所有这些有教育意义的故事都强调，幸福状态是紧密相联的。如果你没有为自己提供幸福的状态和能量，你就会丧失奉献幸福的能力，就不能与他人共同培养真正的遗产，无法使他人从中受益。

## 第十章　英雄之旅：你生命的召唤

在生命的每个时刻，你都有机会选择你的状态——积极状态、中性状态或消极状态。你要控制自己的状态，而不是让状态控制你！只有你能决定是否与幸福的能量充分连接，这种能量会在你学习和成长的每个阶段伴你身边。

想一想，除非你愿意对自己和他人开放这个值得庆祝的宝贵状态，否则你就无法真正找到幸福这份礼物。你需要敞开一道每天都能进入幸福状态的门，使你周围的人在解锁、开放、跨过自己的生命发展之门时，也能感受并欣赏自己的满足感和内在的感恩。来自这个地方的感恩会包容一切，能整合我们，使我们进入超越自身的状态。

只有你才能为每个阶段添加满足和幸福。生命是包括四个阶段的计划，这四个阶段是激励、实施、价值整合和完成。你无须为此花费太多时间，只需把幸福加进去，就像添加生活的调料一样。它会使每道菜更美味。你只需宣布它、想象它，为你和周围每个人都拥有它而感到开心！

## 强大的爱

想一想，如果你要通过转化式对话激励和帮助他人，你就需要深切地感受并欣赏那些你已经肯定的价值。当你学会真正融入自己的价值时，他人也能感觉到这些价值。有时候我们称之为爱。当今世人已经不熟悉这种古老的艺术了。如果我们毫不掩饰地珍视自己的价值观，我们也在激励他人这么做。

要做到珍惜此时此刻，你既要宣布它的价值，也要感受这种状态。为了完成一次令人满意的旅程，你需要强调状态改变的重要性。它在旅程的每一步都创造了幸福的体验。这些是投入的、有能量的、以价值为基础的连接感，也是对你积极培养的幸福状态的赞赏。你可以学会庆祝生活中所有重要的领域，感恩它赐予自己这份礼物。这种共振也会传染给他人。

真正的幸福体验是巨大而令人难忘的。当你把幸福这份礼物赠予他人时，你的生活就真正开始了持久的改变。当你以一种对自己有意义的方式分享你的愿景，以自己为荣，朝着目标前进，拥抱生命的全部时，你就会发现，自己在最深的层次上被他人全心全意地接受了。想象你自己像大"H"一样挺拔地站立，把自己内在的幸福向外伸展，与你周围的每个人和每件事连接在一起！

## 每天用语言庆祝旅程

你可以用语言庆祝每一个学习和发展阶段。当我们强调连接和持久学习的内在价值时，生活可以是一系列的祝酒辞和欢迎辞。只有你才能决定如何与快乐的体验和强大的能量相连，如何向那些陪你度过旅程的人表达你的感恩和快乐。

说出祝辞不一定需要酒。带着感恩和祝福的话语，就为我们开启了一个对自己和他人都有价值的庆祝状态。你的话语提供了一扇让周围每个人进入感恩的大门。你的话语会帮助他人解锁、开放、跨入欣赏自己的满足感和内在感恩的大门。

你会培养一种幸福的习惯,让你无须理由就能感到快乐吗?想一想,要做到这一点,你需要暂停其他所有的事,聚焦于内在感恩,认可自己和他人,用语言来庆祝,即使每天只这么做一两次也行!找一种方法来庆祝创造力、短期成果、长期学习、传承和当下的完美。

用这种方法来庆祝,你就欣赏、感受并和整个群体分享了自己的天赋。在整个过程中,你也是一名接受者。

只有你才能认定幸福是有效的。只有你才能体验到爱带来的纯粹欢乐,庆祝真正的幸福,并把它奉献出去,就像对自己和周围人的一次款待。

## 练习:发掘你的幸福潜力

做下面这个练习时,每次不超过20分钟,每天练习,持续一个月,就能为你的生活增加巨大潜力。再一次想象你展开了英雄之旅。但这次要加上一样东西——一盏聚光灯。想象一盏巨大的聚光灯照耀着你的生命故事。

为了开启真正的幸福意识,你需要在计划的细节上点亮一盏灯。看到自己在灯光的照耀下进行英雄之旅,在旅程的所有重要领域找到动力和快乐。看到自己把内心的快乐传递给他人。你的实际年龄或这个游戏本身都不重要。你或许想让灯光照亮一些关键领域,照亮那些在平衡和能量方面对你来说很重要的领域。(你或许可以加入一个百人唱诗班，演唱背景和声。）看到自己在奉献幸福和爱的纯粹欢乐方面成为专家。

这个练习很简单。只需用你的聚光灯照亮愿景的每个角落，在那里，你会为向他人奉献幸福而感到快乐。欣赏这种行为！经常这样做。每天做10秒钟这样的想象练习，坚持21天，这些景象就会融入你真实日常生活的各个方面。送上我最美好的祝福！

| 结语 应用智慧：通过肯定来强化从每章学到的知识 |

不管一个人相信或肯定什么，宇宙都会回答"好的"。因此，许多人发现，通过精心挑选肯定的表述，用经过深思熟虑的积极方式来处理自己的信念，会起到很好的效果。请一直用积极的方式构建肯定。把肯定大声地说出来，或带着信念、聚焦、享受在心中默念。你可以设计自己的肯定话语，也可以从下列建议中选出最符合你生活和心态的肯定话语。

## 第一章 如何玩转大师的游戏：教练方法

我成了自己意识里梦想的样子。

我在假期中找到了充满热情的目标，把生活中的每一天都变成了假期。

我玩了一个终生受益（life-enhancing）的游戏，它帮助我跟随自己的核心价值、真正的兴趣和独特的天赋而活。

我的目标是大师的精通状态，现在我就进入了大师的思维状态。我完全清醒，并与当下如何创造自己的想法、感受、反应和结果相连。

我爱自己的"人"（Hu-man）的设计。我脚踏实地，向上伸展。

我是温暖的，与人相连，和人相处时非常灵活。我带着谦虚、幽默、感恩和真正的宽恕之心去生活。

## 第二章  大脑及其工作原理

我越来越意识到自己最有效的大脑习惯，我丢掉了旧的习惯模式和盲点。

正如米尔顿·埃里克森对马一样，我信任自己的内在智慧和深层认知，然后配合它们采取行动。

我有意识地选择锻炼自己的整个大脑，让我的生活获得平衡和连接。

当我锻炼整个大脑时，我能通往自己所有的创造力和资源。

我更有能力朝着自己充满激情的目标努力，实现以自身价值为基础的愿景。

我真的很享受运用大脑皮层视觉化的能力的过程。

我展现了自己对生活的全部梦想。

## 第三章  超意识思维：你的整合系统

我是有愿景的人。

我把自己的梦想当作目标，投入生命去实现它们。

我过着充满激励的生活。

我会谈论自己希望在生活中创造什么。

我的声音是一个有力的工具。我有意识地选择使用温暖、放松、充满爱的声音对自己和他人说话。

当我注意到自己或他人聚焦于不想要的东西,使用"没有""不""不要"这样的词时,我会好奇他们真正想要的是什么,想到我能如何重塑这种讨论。

我的深层认知是我追寻最美好未来的驱动力。

我经常探索并感受内在智慧。

我的意识和超意识作为一个整合的直觉系统,在一起有力地工作,帮助我实现目标。

我的意识通过在内心提出问题来支持我的深层认知,使我每天朝着做出最佳选择和实现梦想努力。

# 第四章 人生计划的四个阶段

我有意识地选择去完成我喜爱的生活计划。

我按照一个菱形进行思维。我获得了激励、实施、整合,最终完成并得到了满足。同时,我在每一步骤中都学习和成长了。

我很清楚,当有一个足够大的"为什么"时,"怎么做"就变得容易了。我首先聚焦于激励愿景的"为什么"和"什么",执行的步骤很快就变得清晰而简单了。

随着每天的学习，我获得了在人生计划中实现本垒打所需的技能、资源、战略、承诺和勇气。

随着我实现人生计划，我有意识地寻找方法，让我的旅程变得更有意义，让我做出更深的承诺，把我的计划扩展得更远。

完成每一步时，我都会通过庆祝成就和提供奖励来肯定自己。

## 第五章　思维本源：人类如何持久改变

我为自己所有的行为模式负责，尤其是那些在意识或超意识中阻碍我的习惯性结构。

当我注意到自己用拖延、犹豫、分心来抗拒有用的改变时，我会采取行动跨越抗拒。

我会建立提醒和连接：

> · 我清楚自己的愿景吗？
> · 我的愿景和我的价值相连吗？
> · 第一步是不是足够小，让我现在就能想象并开始执行？

我用大师的思维状态庆祝前进的每一步，我会继续前进。它会变得更容易，我会变得更好！

## 第六章　抗拒和四道小妖之门

我拥有转化式对话，能帮助自己和他人建立连接，变成有目标的人。

我的愿景非常清晰，我知道自己的最高意愿，我的行动具有一致性。

所有旧的内心小妖的核心都是以智慧为基础的积极意愿。我注意到了这个积极意愿，给予它感谢，运用它为我提供的智慧。

我喜欢反馈。我意识到，支持和挑战的融合能让我的生命实现指数增长。

我学习，我成长，我在所有的人生经历和得到的反馈中看到了机会。


## 第七章　基本焦点：与原则为伴

我有意识地与埃里克森教练的原则为伴，因为这些原则能让我向他人展示最好的一面。

我是一个伟大的创造者。我目前的样子就是好的，其他每个人也都是。

我有意识地选择唤醒自己的深层认知体系。它知道我需要什么，我信任它。

我选择了成就自己的完整性，因此，我会体验自己周围所有的东西。

我倾听完整性，人们在倾听中会发生改变。

## 第八章　意愿和注意力：连接思想、情感和行为

英雄行为是我们真正的人类本性。当我在真理面前帮助自己和他人时，我就是一位英雄。

我聚焦于自己会成为什么样子，而不是我在生活中克服了什么。

我有意识地设立提供服务的强大意愿。当我有意识地为他人服务时，他人也为我服务。

我有一个平衡和连接的焦点。我的强大意愿指引并聚焦于我如何关注。

我精心设立的意愿和注意力使我实现了自己的目标。

我有意识地设立"意愿—注意力蓝图"，帮助我得到想要的东西。

当我反复想象和感觉自己已获得想要的东西时，我想要的东西就在外部世界出现了。

视觉化=物化。

## 第九章　身心幸福的召唤

我体会了自己生命中意义的流动和纯粹的欢乐。

我赞赏生命的礼物，我感觉到了生命的礼物，我与世界分享生命

的礼物。

我看到并感觉到了宇宙流淌出的爱的纯粹欢乐和幸福。它们流过我的身体，到达当下。

真正的幸福是一种选择，我选择当下就获得幸福。

我像大"H"一样挺拔地站立，让内在幸福与外界连接。我与周围每个人和每件事连接起来！我就是爱的纯粹欢乐。

# 第十章　英雄之旅：你生命的召唤

我是自己人生故事里的英雄。我用自己完美的方式，达成了身心幸福鲜活的传承。

我闪耀着幸福的潜力。随着生命故事的展开，我不断学习和成长。

我是自己内在真理的勇士、救世主、冠军和领导者。

随着培养自己的性格、身心合一、自我认识和信任，我在实现生命的召唤。

我做出了有力的承诺，并在面临内部和外在困难时坚守承诺。

我是生命的奇迹，是自己的荣耀。

今天，我选择获得自己所有的欢乐和幸福。我如此感恩，如此幸运。谢谢你，谢谢你，谢谢你！

| 继续探索教练的艺术与科学 |

《唤醒沉睡的天才》是三本系列丛书的第一本,它探讨转化式对话,将读者与自己激励系统的内在动力连接起来。正如你所看到的,本书的章节展示了有效探索意愿和注意力的视角与练习的力量。本书包含了探索大脑—思维系统的强大练习,能让我们与自己的超意识思维连接起来。本书还包含了一系列精准的步骤,能协助你和你的客户发现深层认知本质的明确区别。

本系列的第二本《被赋能的高效对话》介绍实现转化式对话的步骤。本书将系统地带领你学习强大教练对话的实践和理论。通过实例和练习,你将学会如何进行流动的对话,从而带给人激励和力量。每章都提供了示例和方法,将帮助你培养内在的语言结构,以及引导目标激活的行动结构。《被赋能的高效对话》是关于内在流动思维(inner flow thinking)和谈话的具体步骤、流程、问题、基调及出发点的。

本系列的第三本《流动》(出版中)介绍变革式对话的流程。本书将帮助读者通过体验来理解七种教练的流动状态:快乐、观察、真正价值、逻辑进展、创造力、深层认知和感谢。本书勾勒出了教练工具和程序的力量,它们将帮助人们建立新的意义、评估核心价值、明确选择、发展愿景和未来。

| 作者简介 |

## 玛丽莲·阿特金森博士

玛丽莲·阿特金森博士是《教练的艺术与科学》系列的主要作者,本丛书包括三册。她构思并扩展了三本书中的许多概念、流程和程序。她是国际公认的教练培训师和开发者,也是许多组织的顾问。她是一位NLP(神经语言程序学)大师级教练,也是一位心理学家。玛丽莲的大部分职业生涯都在与个人和组织合作,提供成果导向教练和辅导的咨询、设计与培训。她逐渐掌握了书中提到的有效方法,并在遍及四大洲的课程中运用这些方法。

玛丽莲是加拿大人,现居温哥华,是埃里克森国际学院(www.erickson.edu)的创办者和院长,教授获得国际教练联合会认证的教练课程。到目前为止,她在职业生涯中已经协助创办了50多所埃里克森教练中心,遍及世界各个角落。她从1985年起一直在这些中心担任成果导向的教练和辅导。玛丽莲也被誉为NLP和教练领域的远见卓识者、领导者和作家。她是一位极具影响力的创新者,在她的领域闪耀存在,其强大的个人发展课程享誉世界。全球30多所NLP学院都使用她的练习设计和练习程序。她实用而系统的教练技能和策略被称为

"教练的黄金标准"(Gold Standard of Coaching)。

## 蕾·切尔斯

蕾·切尔斯是一位国际教练联合会认证的转化式教练。她与终身学习者一起,唤醒他们和他人内心的天赋。蕾的教练时长超过2500个小时。作为全世界众多听众和客户的转化式教练、培训师和引导者,她的热情和过人的天赋得到了广泛认可。

作为埃里克森国际学院的培训师,她培训和辅导了全球数百位教练。

蕾对变革过程毫不陌生。她是两个小男孩的母亲、处理大量信息的企业家、朋友、志愿者、运动员和终身学习者。蕾经历过"生命的两极",并从艰辛的生活中学到了很多。

在成为专业教练和培训师之前,蕾曾在盐湖城奥运会组委会工作,并在国际水域的游船上协助64个国家的高层进行沟通。

作为一名终身学习者,蕾·切尔斯融国际经验、教育背景和影响力于一身。她能提供范围很广的计划和服务,包括一对一转化式教练、团队教练、远程课程、网上虚拟培训和现场培训。

她与人合著的书籍《做出有力的选择——30天计划》(*The Making Powerful Choices—30-Day Program*)和CD于2005年出版。从那时起,这个"如何做"系统已经为世界各地成百上千人提供了帮助,让他们鲜活地想象并勇敢地相信,他们能过上也会过上自己喜爱的生活。她最新推出了一个免费的28天冥想和想象练习,名为"BLISScipline AIM"。欲了解关于该计划的更多信息,请访问www.blissicplineaim.com。该计划旨在通过每天的练习,帮助人们和团体茁壮成长。

| 推荐阅读 |

Bateson, G., *Steps to an Ecology of Mind* (Ballantine, 1972).

Beck, Don, *Spiral Dynamics* (Blackwell Publishing, 2005).

Berg, Insoo Kim and Szabo, Peter, *Brief Coaching for Lasting Solutions* (W. W. Norton, 2005).

*Brain/Mind Bulletin.* Ongoing Periodical (Los Angeles: Interface Press).

Bryne, Rhonda, *The Secret* (Beyond Word Publishing 2006).

Chois, Rae, Chois, Antheny, Heyl, Larrye, and Becket, Cara, *Making Powerful Choices: 30 Day Journey to a Life you Love* (Powerful Choices Publishing, 2005).

Chopra, Deepak *The Seven Spiritual Laws of Success: A Practical Guide to the Fulfillment of Your Dreams* (Amber-Allen, 2007).

de Shazer, Steve, *Keys to Solution in Brief Therapy* (W. W. Norton, 1985).

Demartini, John, *The Breakthrough Experience* (Hay House, 2004).

Dillard, Annie, *Pilgrim at Tinker Creek* (Harper Perennial,

1988)

Dilts, Robert, *Roots of Neuro-Linguistic Programming* (Meta Publications, 1983)

Dooley, Mike, *Notes from the Universe* (Tut, 2003).

Dwoskin, Hale, *The Sedona Method* (Sedona, 2003).

Dyer, Wayne, *Power of Intention: Learning to Co-Create Your World Your Way* (Hay House, 2004)

Gallwey, Tim, *Inner Game of Tennis* (Random House, 1997).

Gilligan, Stephen G., *The Legacy of Milton H.Erickson: Selected Papers of Stephen Gilligan* (Zeig, Tucker & Theisen, 2002).

Gordon, David, and Meyers-Anderson, Maribeth, *Phoenix: Therapeutic Patterns of Milton H.Erickson* (M E T a Publications, 1981).

Harris, Bill, *Thresholds of the Mind* (Centerpointe, 2002).

Havens, Ronald A., *The Wisdom of Milton H.Erickson: The Complete Volume* (Crown House, 2005).

David Hawkins, *Power vs.Force: The Hidden Determinants of Human Behaviour* (Hay House, 2002).

Hicks, Jerry and Hicks, Ester, *The Power of Deliberate Intention* (Abraham-Hicks, 2004).

Hicks, Jerry and Hicks, Ester, *Ask and It Is Given. Learning to Manifest your Desires* (Abraham-Hicks, 2004).

Holmes, Ernest, *Creative Mind and Success* (Tarcher, 2004).

James, Tad, *The Secret of Creating Your Future* (Advanced Neuro Dynamics, 1989).

Katie, Byron, *Loving What Is* (Three Rivers Press, 2002).

Oates, Robert, *Permanent Peace: How to Stop Terrorism and War—Now and Forever* (Oates, 2002).

Pearce, Joseph Chilton, *Evolution's End: Claiming the Potential of Our Intelligence* (Harper SanFrancisco, 1992).

Rosenberg, Marshall, *Nonviolent Communication: A Language of Life* (Puddle Dancer, 2003).

Senge, Peter, *The Fifth Discipline* (Century, 1990).

Shapiro, Stephen, *Goal-Free Living: How to Have the Life You Want Now* (Wiley, 2006).

Tolle, Eckhart, *The Power of Now* (Hodder & Stoughton, 1999).

Vitale, Joe, *The Attractor Factor* (Wiley, 2005).

Weakland, J., Fisch, R., Watzlawick, P., and Bodin, A., *Brief Therapy: Focused Problem Resolution* (1974).

Whitworth, Laura, Kimsey-House, Karen, Kimsey-House, Henry, and Sandahl, Phillip, *Co-Active Coaching: New Skills for Coaching People Toward Success in Work and Life* (Davis-Black, 2007)

Williams, Linda V., *Teaching for the Two Sided Mind* (Simon & Shuster, 1983).

## 推荐网站

www.coachfederation.org

www.erickson.edu

www.ericksonalberta.ca

www.erickson.no

www.ericksontr.com

www.BLISSciplineAIM.com

www.businesstransformed.com

www.Abraham-Hicks.com

www.tut.com

www.thesecret.tv

www.centerpointe.com

www.peacefulearth.com

| 附 注 |

1. 书中描述的2001年以来的实验可以在很多资料来源中找到最新案例，例如：《大脑如何重组自身》（*How the Brain Rewires Itself*），《时代》杂志（*Time*），2007年1月29日；莎伦·贝格利（Sharon Begley），《训练你的思维，改变你的大脑》（*Train Your Mind, Change Your Brain*），巴伦丁书局；海伦·梅伯格（Helen Maybeg），《认知疗法与大脑皮层》（*Cognitive Therapy and the Cortex*）；阿尔瓦罗·帕斯夸-列侬（Alvaro Pascual-Leone），《五指钢琴练习》（*Five Finger Piano Exercise*），哈佛医学院；杰夫·施瓦茨（Jeff Schwartz），《自我指导的神经可塑性》（*Self-Directed Neuroplasticity*），加州大学出版社。所有这些资料来源讨论的实验都表明，心理训练能改变大脑的物理结构。换句话说，大脑可以被重组，从而重塑身体、情绪、认知和精神能力。它具有巨大的神经可塑性。

2. 对猴子大脑进行磁共振成像的开创性研究表明，爱和同情心等积极的情感确实是一项技能，这种技能在某种程度上是可以被训练出来的。研究表明，冥想等过程会强化关注力自控所涉及的神经回路。请参见下面几位的工作成果：理查德·戴维森（Richard Davidson），威斯康星大学麦迪逊分校神经学家，《磁共振成像和禅修僧侣》（*MRI and Meditating Monks*）；丹尼尔·西格尔（Daniel Siegel），加州大学洛杉矶分校，《神经放电导致神经放电的变化》（*Neural firing leads to changes in neural firing*）。也可参见凯瑟琳·埃利森（Katherine Ellison）在《今日心理学》（*Psychology Today*）2006年10月刊第74页的《掌握自己的思维》（*Mastering Your Own Mind*）一文中提及的："美国马萨诸塞州总医院的最新研究发现，每天冥想40分钟能强化负责注意力和感官处理的大脑皮层。在美国加州大学旧金山分校的试点研究中，研究人员发现，经过简单培训的教师每天冥想不到30分钟，就能起到服用抗抑郁药物同样的效果。"

| 术语表 |

## 引言

logical levels model　逻辑层次模型
trainer　培训师
coach　教练
solution-focused　成果导向
self-coach　自我教练
coach exercise　教练练习
inner vision　内在愿景
project thinking　计划思维
skill-building regime　技巧构建体系
Milton Erickson　米尔顿·埃里克森
Erickson Coaching International　埃里克森国际教练学院
healer　治疗师

## 第一章

therapeutic metaphors and stories　治疗式隐喻与故事

transformational conversations　转化式对话

Integration Stretch Exercise　整合伸展练习

## 第二章

mind system　思维系统

reptilian brain　本能脑

emotional brain　情绪脑

visual brain　视觉脑

cerebral cortex　大脑皮层

brain−mind system　大脑—思维系统

mind−body connection　身心联合

associative memories　投入式记忆

active memory　主动记忆

Glenn Gould　格伦·古尔德

mental rehearsal　精神排练

visualization　视觉化

## 第三章

Beyond-Conscious Mind　超意识

integrity system　整合系统

true learning and purposeful living　真知和有目标的生活

conscious intention　有意识的意愿

deeper knowledge system　深层认知系统

vision-oriented cerebral cortex　愿景导向大脑皮层

integral life development system　整合生命发展系统

internal dialogue　内在对话

hardening of the categories　铁石心肠

calcified categories　情绪钙化

deeper knowing mind　深层认知思维

Beyond Gremlin Thinking　超越小妖的思考

## 第四章

four intentional steps　意愿的四个步骤

emotinal energy　情绪能量

intention　意愿

stakeholder　利益相关者

inspiration (stage 1)　激励（第一阶段）

implementation（stage 2） 实施（第二阶段）

value integration（stage 3） 价值整合（第三阶段）

completion and satisfaciton（stage 4） 完成和满足（第四阶段）

transformational awareness 转化式意识

inner wisdom 内在智慧

comfortable zone 舒适区

deeper knowing 深层认知

deeper mind 深层意识

## 第五章

Mind Matrix 思维本源

gray haze of incompletion 不完美的灰色迷雾

mental spin 精神旋涡

awaken 觉醒

Beckhard's Formula 贝克哈德公式

integral change 整体性的改变

self-reflection 自我觉察

insight 顿悟

resistance to change 对变革的抗拒

mastery focus 精通聚焦

formulation 形成

concentration  专注

momentum  动力

mastery  精通

conscious incompetence  有意识无能力

consistent momentum  持续动力

## 第六章

interity  一致性，身心合一

wholeness  完整性

Gremlin  小妖

Fear of Dream  对梦想的恐惧

Fear of Failure：Victim Identification  对失败的恐惧：受害者认同

Fear of Upsetting People：System Identification  对激怒他人的恐惧：系统认同

Fear of Conflict：Conflict Identification  对冲突的恐惧：冲突认同

system identification  系统认同

inner alignment  内在联合

associatively / dissociatively  投入/抽离

coaching space  教练空间

## 第七章

self-victimization　自己的受害者

sensory system　感知系统

transformation　转化

life purpose　人生意图

positive intention　正面意图

fundamental focus　基本焦点

transformational communicator　转化式沟通者

## 第八章

attention　注意力

Thinking, Feeling, and Doing　思想、情感和行为

intention　意愿

spiritual and meaningful dimension　灵性和意义区

intentional dimension　专注力区

emotional and social dimension　情感和社会区

physical dimension　身体区

the zone　境界

perceive　觉察

# 第九章

integral happiness　身心幸福

happiness quotients　幸福商数

IQ，MeQ，EQ，WeQ　智商、个商、情商、群商

Social/Emotional "You"　社会/情感的"你"

Spiritual meaningful "we"　精神/意义的"我们"

physical "me"　身体的"个人"

intentional/directional "I"　意愿/方向的"我"

spiritual happiness–legacy　精神幸福—传承

intentional happiness–purpose　意愿幸福—目标

social happiness–shared experience　社会幸福—共享体验

results happiness–achievement　成果幸福—成就

spiritual focus　精神焦点

intentional/creatice focus　意愿/创造性焦点

creative connection　创造性连接

social focus　社会焦点

results focus　成果焦点

contribution happiness　贡献幸福

## 第十章

growing edge　发展优势

state change　状态改变

associative　投入的

inner gratitude　内在感恩

pure joy of love　爱带来的纯粹欢乐

## 结尾部分

inner flow thinking　内在流动思维

life-enhancing　终生受益

logical progression　逻辑进展

| 致　谢 |

要完成一项持续几个月甚至几年的计划,通常需要一个强大团队的协同努力,而我们花了整整两年时间,才写完这个系列的三本书。本书的两位作者玛丽莲·阿特金森博士和蕾·切尔斯都是经过国际教练联合会(International Coach Federation, ICF)认证的教练大师。作者在奔波于四大洲的授课和教练计划里抽出时间,一点一点地将本书完成。正是由于她们付出的艰辛努力,这本书才得以与大家见面。

在此,我还要感谢团队里其他成员的努力和贡献,他们在编辑修订过程中表现出了极强的专业知识和专业精神。正是在团队的共同努力之下,这三本书才得以完成。蕾·切尔斯起草了本书的纲要和草稿,她不断催促我加快写作,同时不断加入她的内容和观点。她还参与了各个阶段的编辑工作。我和蕾写下这些观点的过程,就是一次非常新奇的经历。同时,本书还吸收了很多他人的想法。这里我要特别感谢罗伯特·迪尔茨(Robert Dilts),他运用逻辑层次模型给本书添加了许多内容。

许多教练和作者阅读了本书最初的草稿。这里我想感谢安·哈兹奎斯特(Ann Hazelquist)、谢里尔·休斯(Cheryl Hughes)、邦尼·波瑞奥尔特(Bonnie Beriault)、莉萨·赫普纳(Lisa

Hepner)、凯莉·贝克特（Cari Beckett）、拉瑞·哈尔（Larrye Heyl）和希瑟·帕克斯（Heather Parks），他们从读者的角度提供了宝贵的意见。温哥华的理查德·海姆斯（Richard Hyams）、莫斯科的本杰明·舒曼（Benjamin Schulman）和叶卡捷琳堡的斯坦尼斯拉夫·格林德伯格（Stanislav Grindberg）等助理教练则提供了一些练习题目和新想法。我的爱人劳伦斯·麦金斯（Lawrence McGinnis）花了大量时间校对并和我讨论，在此基础上协助修订了本书。蕾的孩子艾赛亚（Isaieh）和乔斯（Jos）则慷慨地放弃了与妈妈共度的亲子时间。在此，我还要感谢这两个孩子！

在本书写作的各个阶段，来自世界各地的教练，包括俄罗斯的安娜·拉伯德维（Anna Lebedeva）、马克西姆·奥斯赫科夫（Maxim Oshurkov）和斯维塔·库马科娃（Sveta Chumakova），乌克兰的爱卡特瑞纳·杜牧尼那（Ekaterina Druzhinina），土耳其的埃谢尔·布凯丁（Eser Buyukaydin）和泽林·拜索（Zerrin Baser）都热情地提供了大量帮助！他们还很快把这三本书翻成了俄语和土耳其语。

此外，我还要特别感谢以下教练和教练导师对国际教练联合会认证的埃里克森培训课程《教练的艺术与科学》的帮助，他们是（包括但不限于）：理查德·海姆斯、罗莉-安·德默斯（Lori-anne Demers）、托米·格罗夫（Thomi Glover）、托尼·哈斯泰德（Tony Husted）、凯西·麦克泽（Kathy McKenzie）、让·格奥尔格·蒂安森克里斯（Jan Georg Kristiansen）、哈娜·西德尔（Hanna Sedal）、安娜·拉伯德维（Anna Lebedeva）、马克西姆·奥斯赫科夫、斯维塔·库马科娃、凯塔亚·马克西姆娃（Katya

Maximova)、瑞萨·波罗索瓦（Raisa Belousova）、西格·卡普萨（Sergei Kapitsa）、詹尼特·索亚卡（Janet Soyak）、埃谢尔·布凯丁、泽林·拜索、斯维特拉纳·波普瓦（Svetlana Popova）、斯坦尼斯拉夫·格林德伯格、特蕾西娅·拉罗克（Teresia LaRocque）、琳达·汉密尔顿（Linda Hamilton）、姬芮·库卡（Jiri Kunkar）和巴里·斯威尼基（Barry Switnicki）。

我还要感谢我们的编辑、出版人、文字编辑和打字员团队，他们是凯姆·萨瑞（Kazim Sari）、特诺曼·阿本（Teoman Akben）和劳拉·普尔（Laura Poole）。柏弗利（Beverley）协助完成了草稿整理、结构整理以及编辑的工作，艾立夫·博纳·库鲁那（Elif Berna Kutluata）编辑了土耳其语版本，凯思琳·奥布莱恩（Kathleen O'Brien）给各个章节润色，费欧娜·尼科尔森（Fiona Nicholson）和瓦内萨·哈斯泰德（Vanessa Husted）给三本书添加了图片和图表。

此外，我要感谢埃里克森学院全球所有的工作人员和培训师。通过你们的努力，这些书才送到了那么多人的手中，触动了那么多人的心灵。

我想，真正感谢他们的方式就是把书写好，使之成为一本标志性的作品。唯有这样，我才对得起他们的帮助、努力和付出。

向你们致以深深的敬意和美好的祝福！

玛丽莲·阿特金森